中等职业教育示范专业规划教材

机械制图习题集

主　编　李添翼　曲　昕
参　编　奚彩琴　羌馨梅　张瑞丽　秦剑英
主　审　王　猛

机械工业出版社

《机械制图习题集》与李添翼、曲昕主编的《机械制图》（书号 ISBN 978-7-111-24546-9）配套使用。内容包括制图的基本规定与技能，正投影法与基本体视图，几何体表面点、线、平面的投影，组合体视图，轴测图，机件的基本表示法，标准件和常用件，零件图及装配图。

本书可作为中等职业教育机械及近机械类的教学用书，也可供工程技术人员使用或参考。

图书在版编目（CIP）数据

机械制图习题集/李添翼，曲昕主编．—北京：机械工业出版社，2008.10（2016.8 重印）
中等职业教育示范专业规划教材
ISBN 978-7-111-24547-6

Ⅰ．机… Ⅱ．①李…②曲… Ⅲ．机械制图-专业学校-习题 Ⅳ．TH126-44

中国版本图书馆 CIP 数据核字（2008）第 157869 号

机械工业出版社（北京市百万庄大街 22 号 邮政编码 100037）
策划编辑：崔占军 责任编辑：张云鹏
责任校对：刘志文 封面设计：鞠 杨 责任印制：李 洋
北京瑞德印刷有限公司印刷（三河市胜利装订厂装订）
2016 年 8 月第 1 版第 3 次印刷
260mm×184mm · 8 印张 · 162 千字
标准书号：ISBN 978-7-111-24547-6
定价：14.00 元

凡购本书，如有缺页，倒页，脱页，由本社发行部调换
电话服务 网络服务
服务咨询热线：010-88379833 机 工 官 网：www.cmpbook.com
读者购书热线：010-88379649 机 工 官 博：weibo.com/cmp1952
教育服务网：www.cmpedu.com
封面无防伪标均为盗版 金 书 网：www.golden-book.com

前　言

本习题集与《机械制图》（李添翼、曲昕主编）配套使用。习题总量适当，难度适中，切合培养目标，突出了识图技能和空间想象能力的培养。题目的安排注意难易结合，兼顾不同层次需求，遵循认知规律，循序渐进。在题型的选择上，适当增加了选择题的数量。为了给学有余力的同学提供一定拓展的空间，本书安排了少量稍难一些的题目（打＊者）以备选择。

参加本习题集编写的有江苏省武进职业教育中心奚彩琴（第一章、第二章）、张瑞丽（第三章）、羌馨梅（第四章）、李添翼（第五章、第六章）、秦剑英（第七章）、沈阳铁路机械学校曲昕（第八章、第九章）。本习题集由李添翼、曲昕任主编，常州刘国钧高等职业技术学校王猛副教授任主审，全书由李添翼统稿。王猛副教授对本习题集的编写提出了宝贵的修改意见和建议，在此表示衷心的感谢！

由于编者水平有限，书中难免存在一些缺点和错误，恳请读者批评指正。

编　者

目　录

前言
第一章　制图的基本规定与技能 …… 1
第二章　正投影法与基本体视图 …… 15
第三章　几何体表面点、线、平面的投影 …… 23
第四章　组合体视图 …… 33
第五章　轴测图 …… 57
第六章　机件的基本表示法 …… 63
第七章　标准件和常用件 …… 85
第八章　零件图 …… 95
第九章　装配图 …… 115

第一章　制图的基本规定与技能

1-1　填空

1. 绘图铅笔用“B”和“H”代表铅芯的软硬程度。“H”表示硬性铅笔，H 前面数字越大，表示铅芯______；“B”表示软性铅笔，B 前面数字越大，表示铅芯越______（黑）。HB 表示铅芯__________。画粗实线常用 B 或 HB 铅笔，写字常用 HB 或 H 铅笔，画细线用 H 或 2H 铅笔。铅笔可修磨成圆锥形或矩形，__________用于画细实线及书写文字，________用于描深粗实线。

2. 国标规定图纸幅面共有________种，分别是______、______、______、______和______。

3. 比例是指_____________与其________________相应要素的_________________之比。为了看图方便，尽可能按机件的__________和__________画图，如机件太大或太小，则采用__________或__________比例画图。不论放大或缩小，在图样中标注的尺寸均为机件设计要求的尺寸，而与图形的________________和绘图的________________无关。

4. 图样中的字体要求______________，______________，______________，______________。

5. 字体高度共有________种。字体高度称为字体的号数。若要书写大于 20 号的字，其字体高度应按________的比率递增。图样上的汉字应写成________体，并采用国家正式公布推行的简化字。汉字的高度不应小于________________ mm，其字宽一般为 $h/\sqrt{2}$。

6. 字母和数字可写成斜体或直体（常用斜体）。斜体字的字头向右倾斜，与水平基准线约成______°。字母和数字分为______型和______型两种，A、B 型字体的____________________（d）分别为字高（h）的 1/14 和 1/10，建议采用 B 型。

1-2　填空

7. 一副三角板由________°和________°—________°三角板各一块组成。三角板和丁字尺配合使用，可画垂直线和30°，45°，60°角度线及与水平线成________°倍角的斜线。用两块三角板配合可画出任意已知直线的________或________。

8. 国标的代号是“GB”（“GB/T”为推荐性国标），它是由“国标”两个字的汉语拼音的第一个字母“G”和“B”组成的，例如GB/T 17451—1998　技术制图　图样画法　视图》即表示制图标准中图样画法的视图部分，发布顺序编号为________，发布的年号是________年。

9. 绘制图形时尺寸线及尺寸界线剖面线、指引线和基准线、剖面线、弯折线、牙底线、齿根线、辅助线等图线一般采用________，轴线、对称线、分度圆（线）、剖切线等采用________，断裂处的边界线：剖视与视图的分界线采用________，可见轮廓线、剖切符号、模样分型线等不可见轮廓线采用________。

10. 图线相交时应相交于画________处，而不要相交于________或________处。点画线一般超出轮廓线________mm。在较小的图形上绘制细点画线有困难时，可用________代替。

11. 图样中的尺寸以________为单位时，不必标注计量单位的符号或名称，如果用其他单位时，则必须注明相应的单位符号。图样中所标注的尺寸为该图样所示机件的________尺寸，否则应另加说明。机件的每一尺寸一般只标注________次，并应标注在表示该结构最清晰的图形上。

12. 标注尺寸的三要素一般应包括________、________和________。

1-3 在右边空白处抄画左边的图形

1-4　正确标注图中的尺寸（数值从图中按 1∶1 量取，取整数）

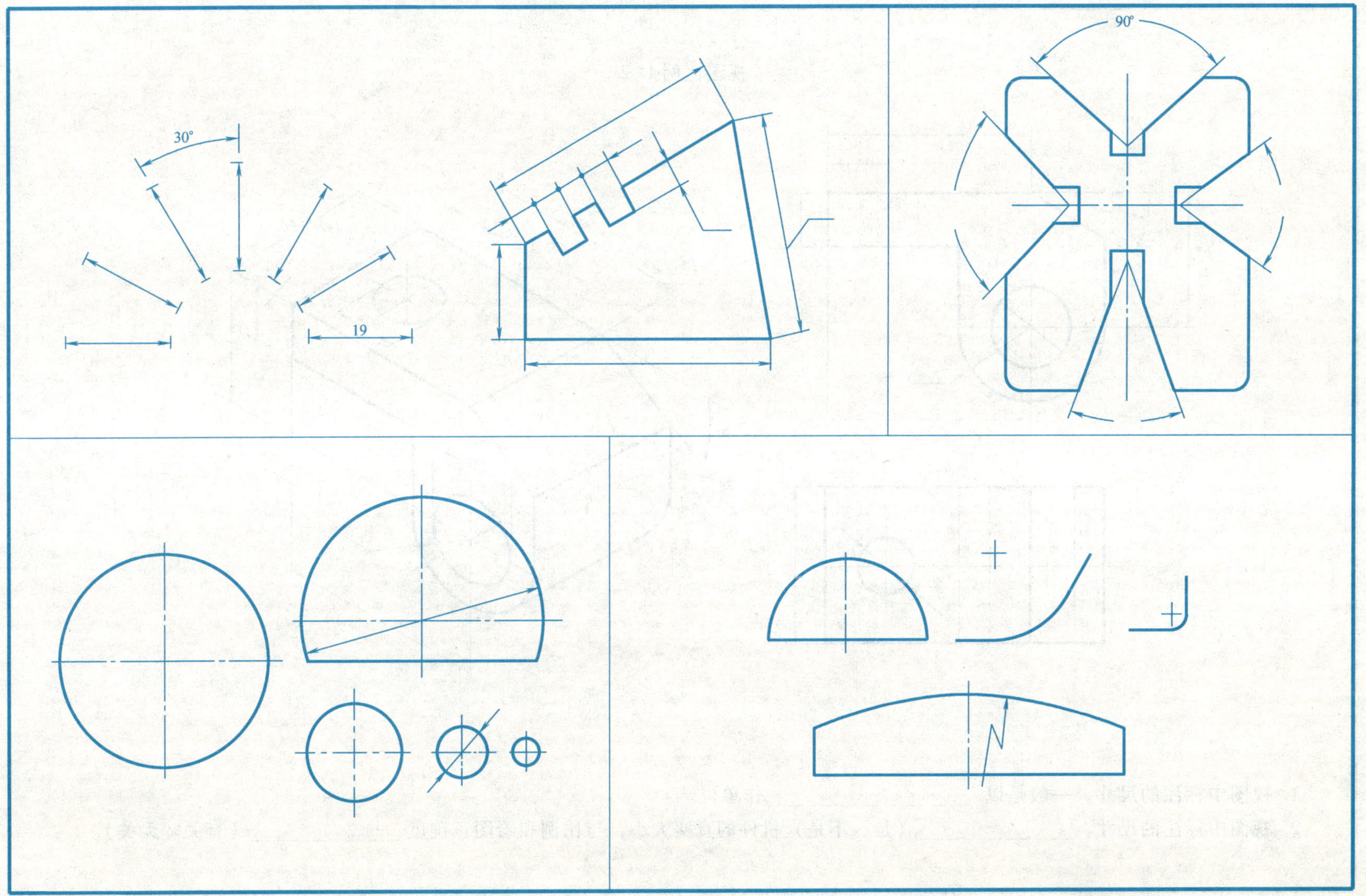

1-5　根据轴测图，在视图上标注尺寸，并作填空题

视图比例 1∶2

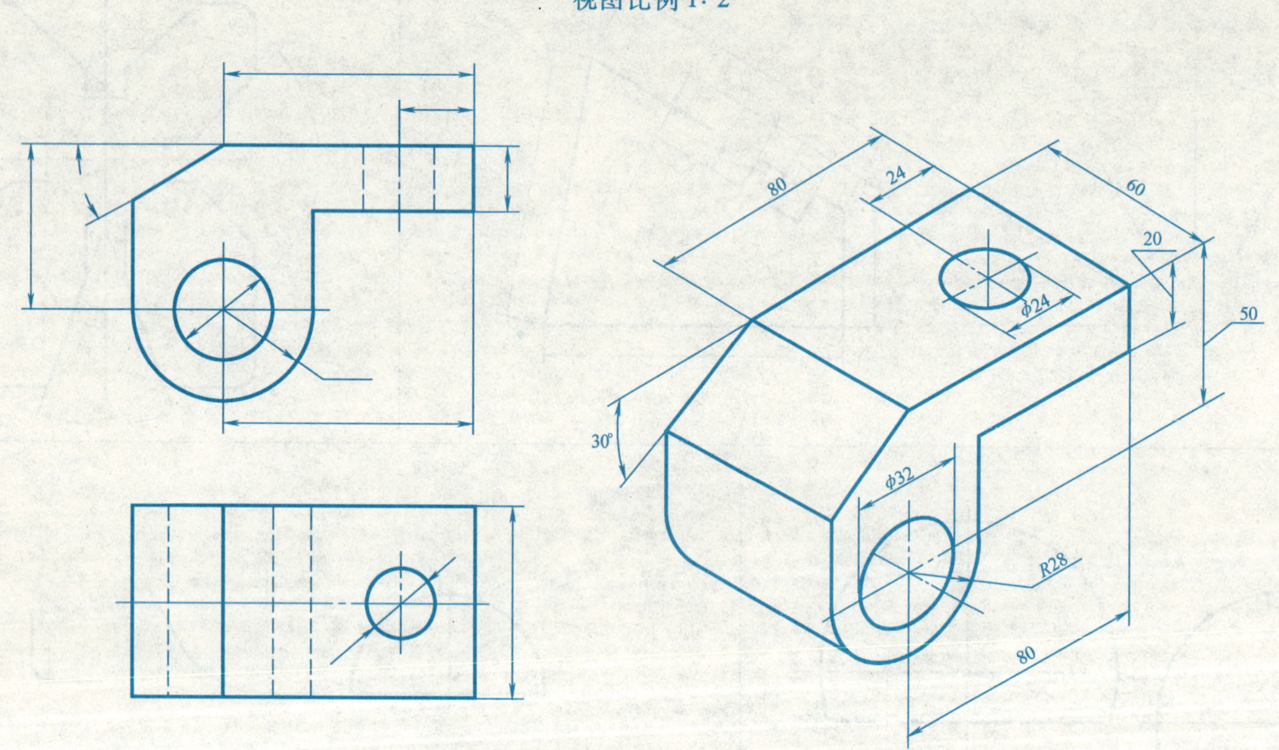

1. 视图中标注的尺寸，一般是以____________________作单位。
2. 视图中标注的尺寸，______________（是、不是）机件的真实大小，与比例和绘图正确度______________（有关、无关）。

1-6 根据要求作图

1. 用几何作图法将线段 AB 七等分。

2. 作圆的内接正六边形。

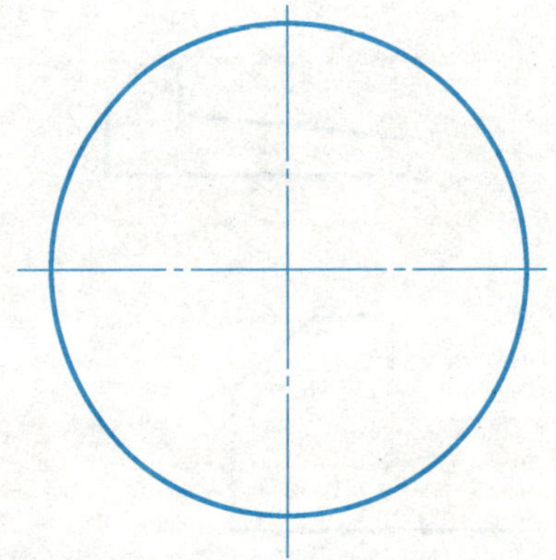

3. 画圆的内接正五角星。

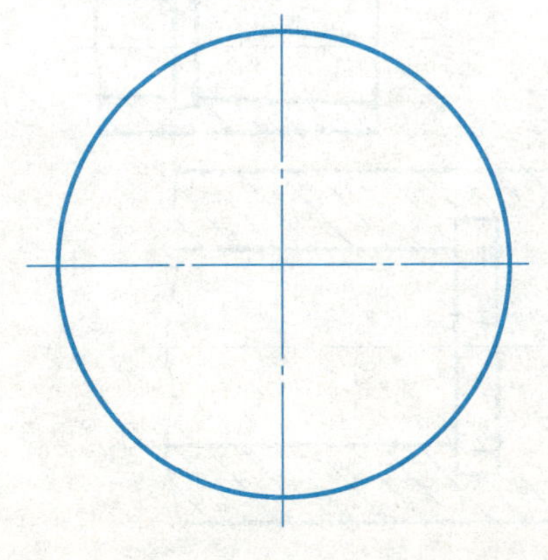

4. 作圆的内接正三角形。

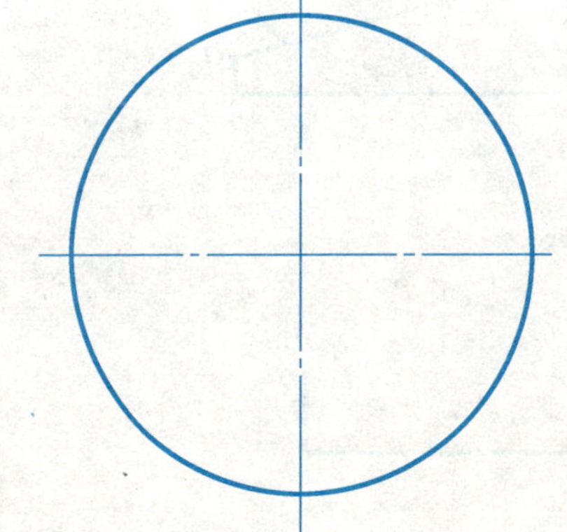

1-7 斜度、锥度

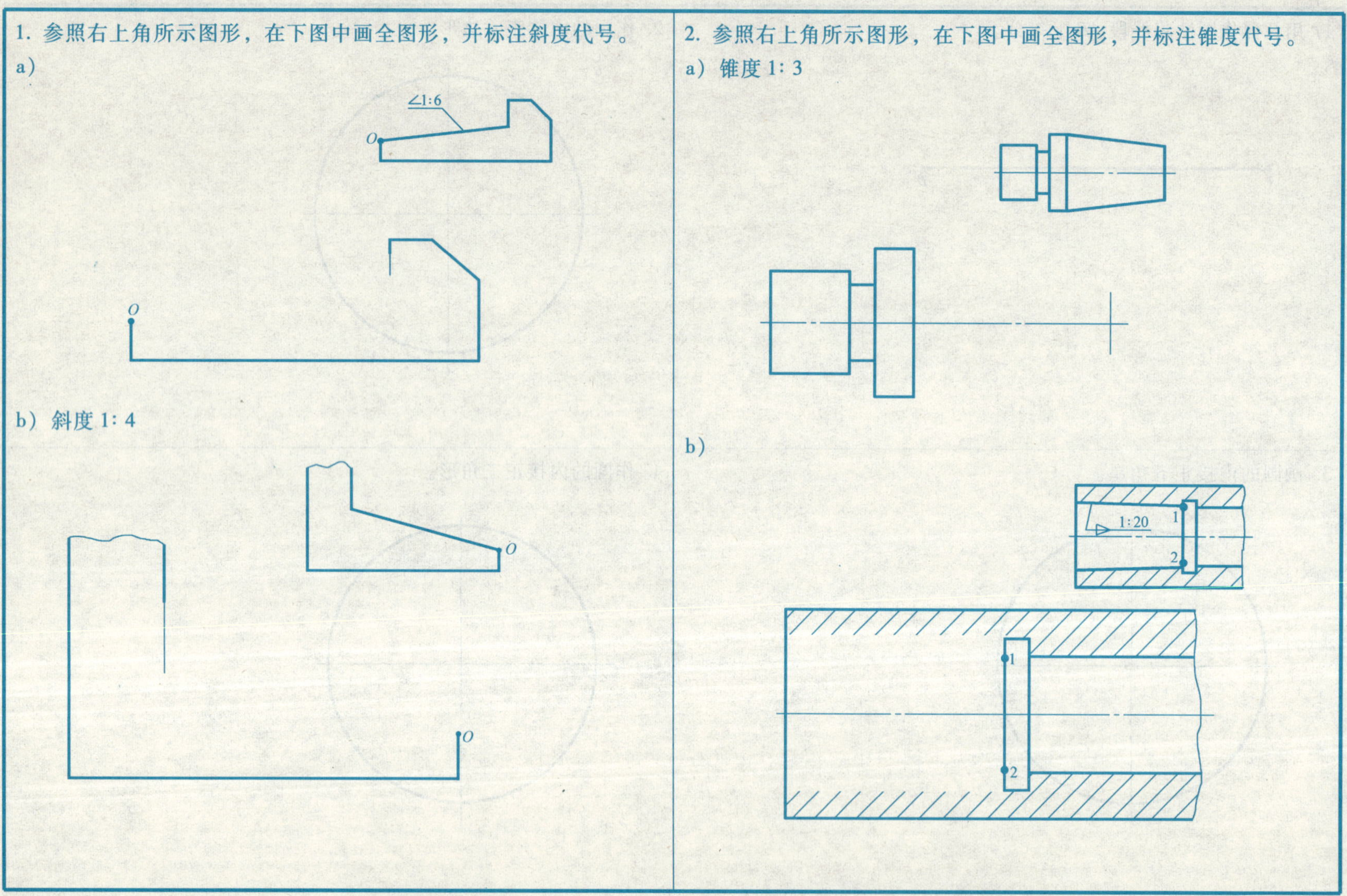
1. 参照右上角所示图形，在下图中画全图形，并标注斜度代号。
a)
∠1:6
O
O
b) 斜度 1∶4
O
O
2. 参照右上角所示图形，在下图中画全图形，并标注锥度代号。
a) 锥度 1∶3
b)
1:20
1
2
1
2

1-8 根据给定图形，完成平面图（保留作图线）

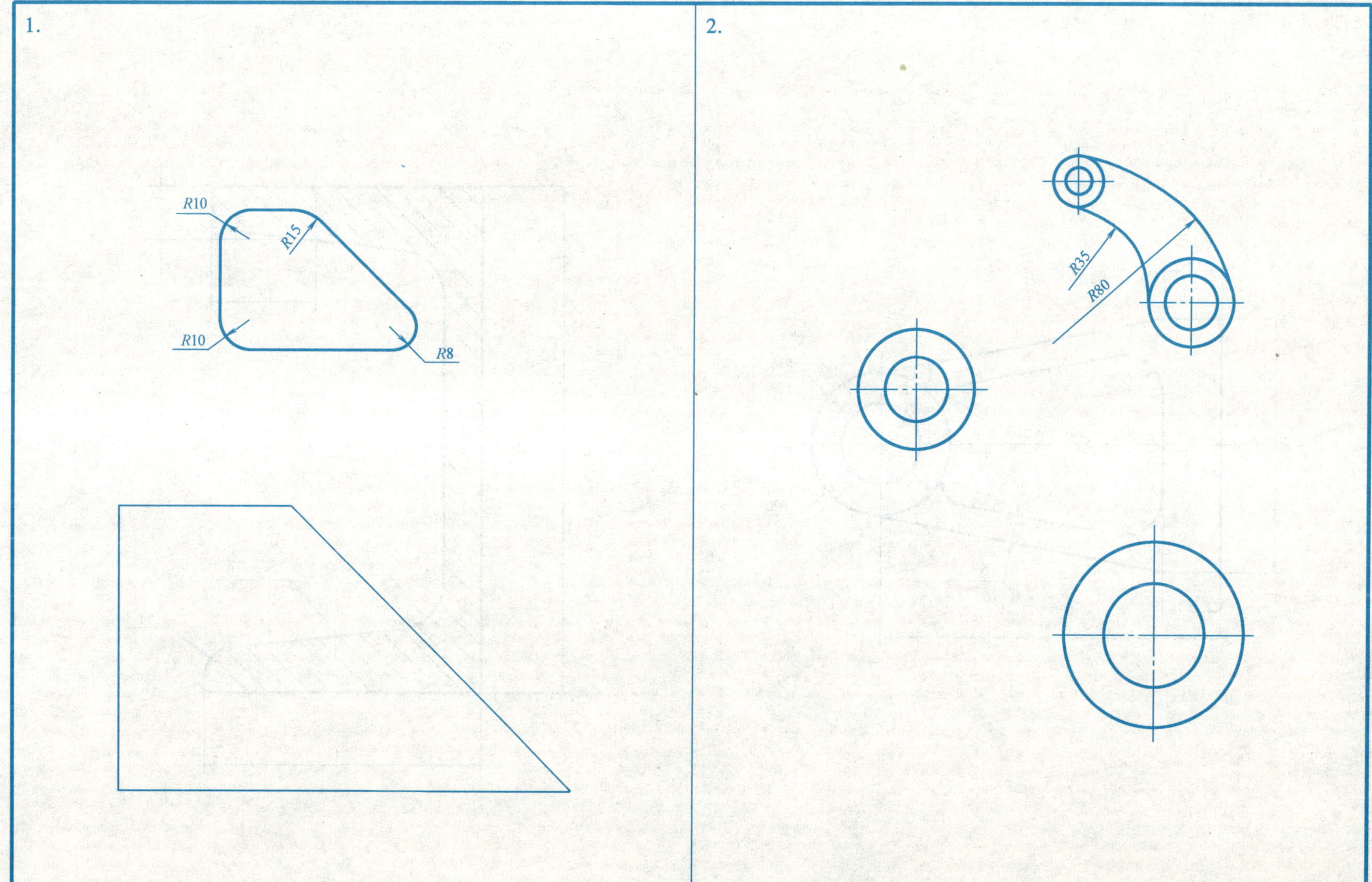

1-9 绘制平面图形（1）

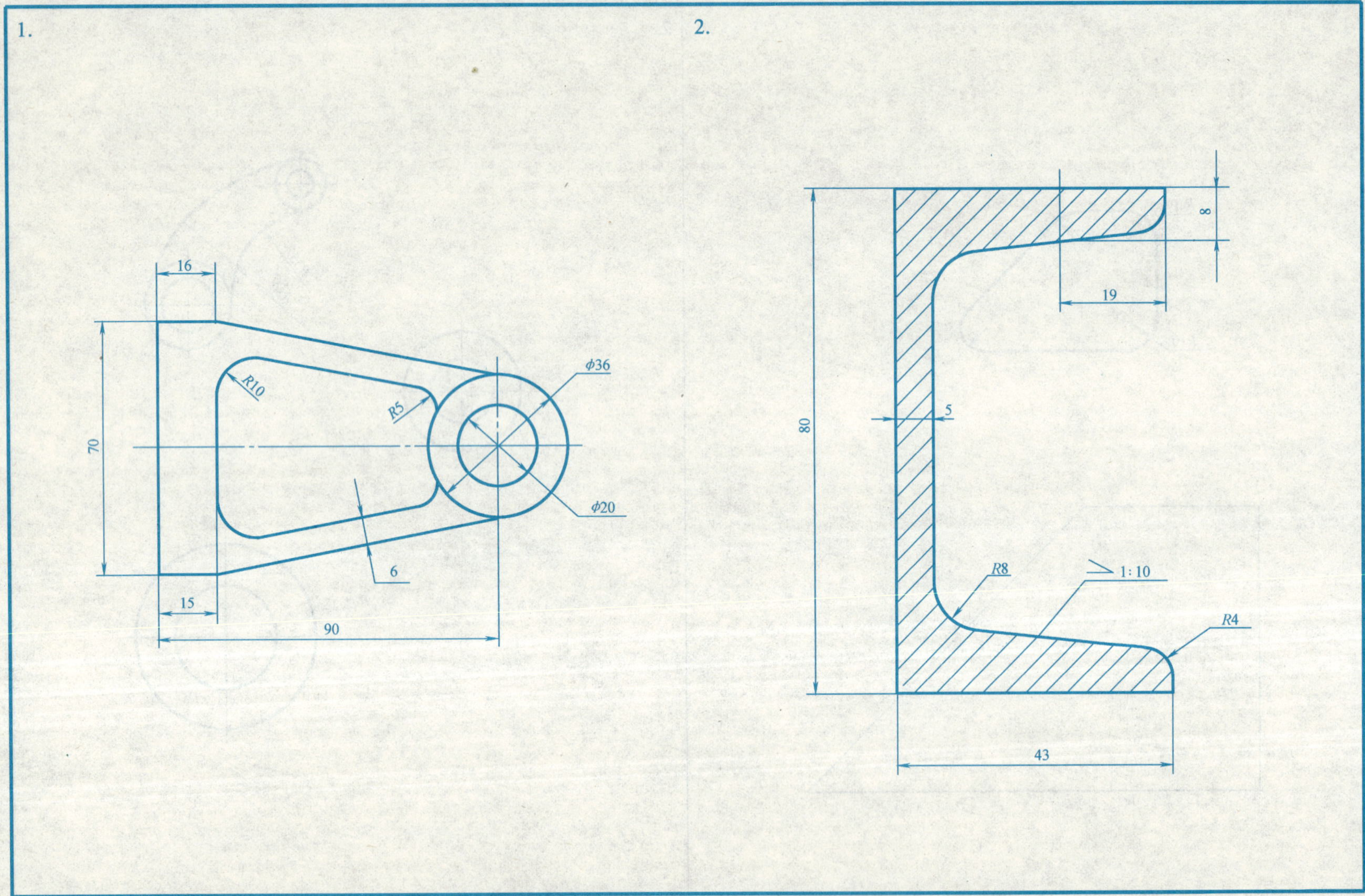

1-10 根据给定图形（1），绘制平面图（保留作图线）

1-11 绘制平面图形（2）

1.
ϕ26
ϕ46
R5
30°
20°
R130
18
R16
R10
ϕ32
R8
ϕ20
2.
ϕ24
R5
R50
R7
R28
R30
250
78
28
R35
24
30°
88
ϕ80
15°
R24
R15
ϕ128
R102

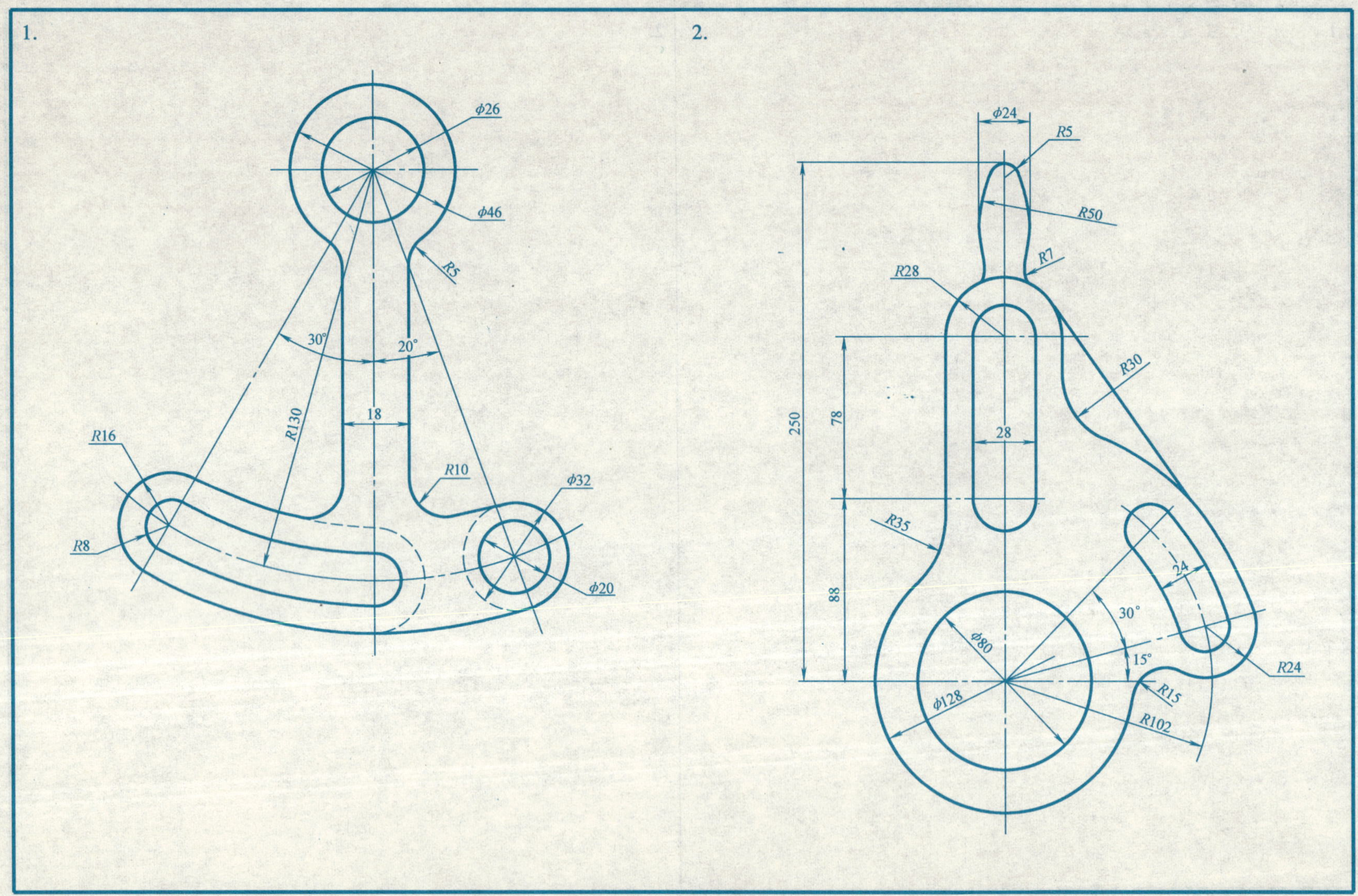

1-12　根据给定图形（2），绘制平面图（保留作图线）

1.	2.

第二章　正投影法与基本体视图

2-1　对照立体图，在（　）内填写视图长、宽、高的“三等”对应关系

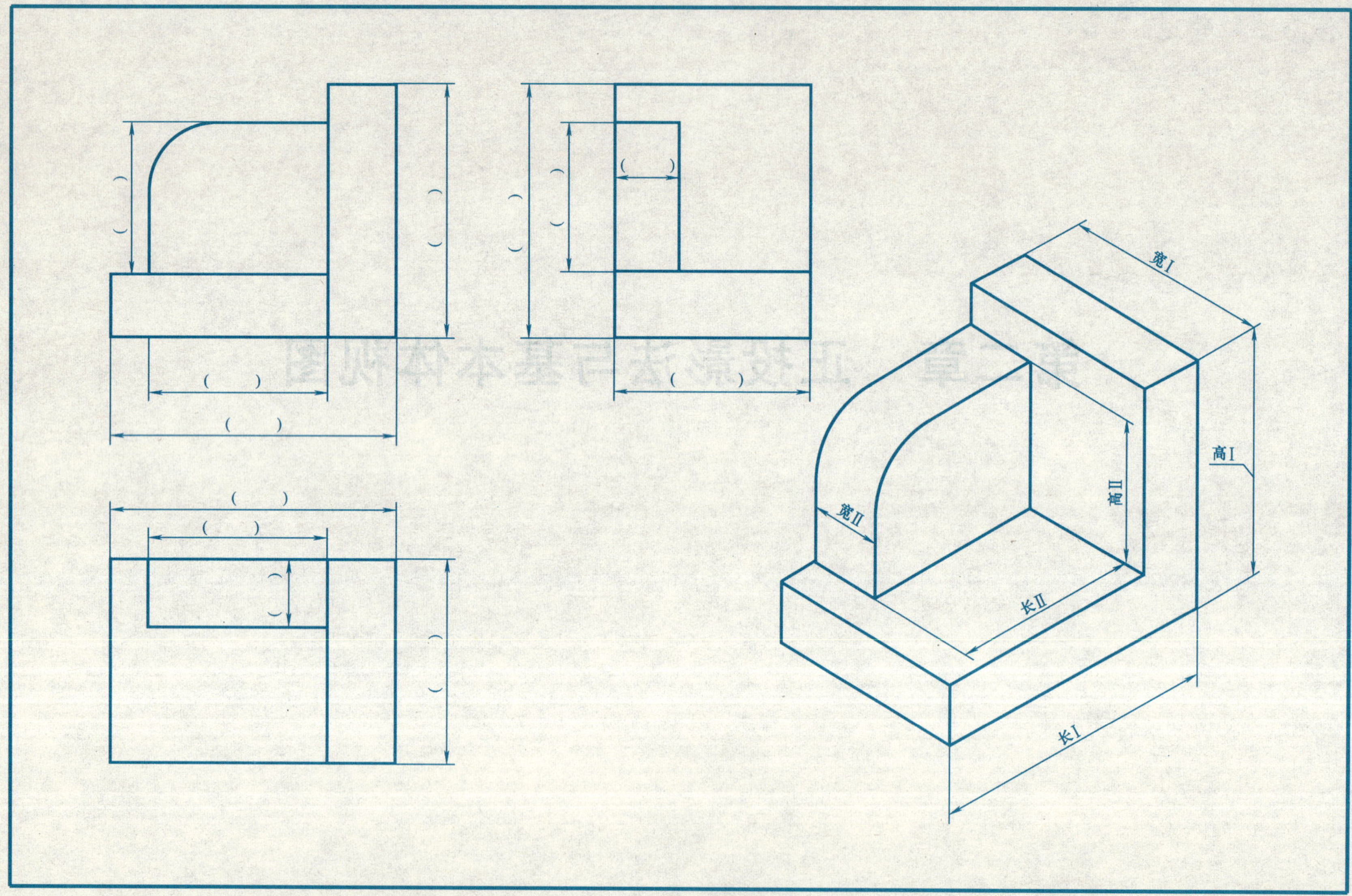

2-2　对照立体图，在（　）内填写立体的“六向”方位关系

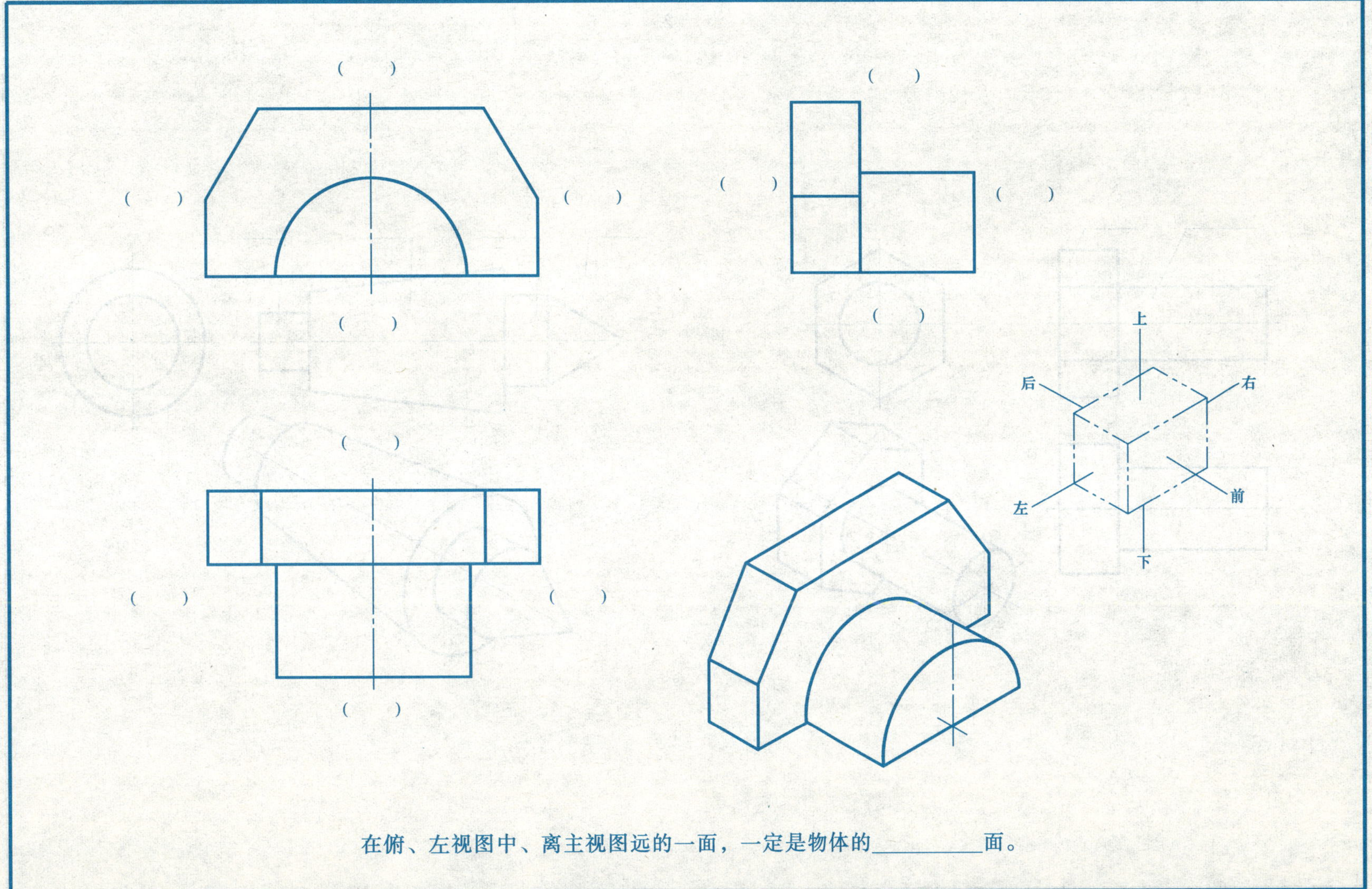

在俯、左视图中、离主视图远的一面，一定是物体的________面。

2-3 对照轴测图读懂视图，把组成组合体的各基本几何体的名称填写在引出线上

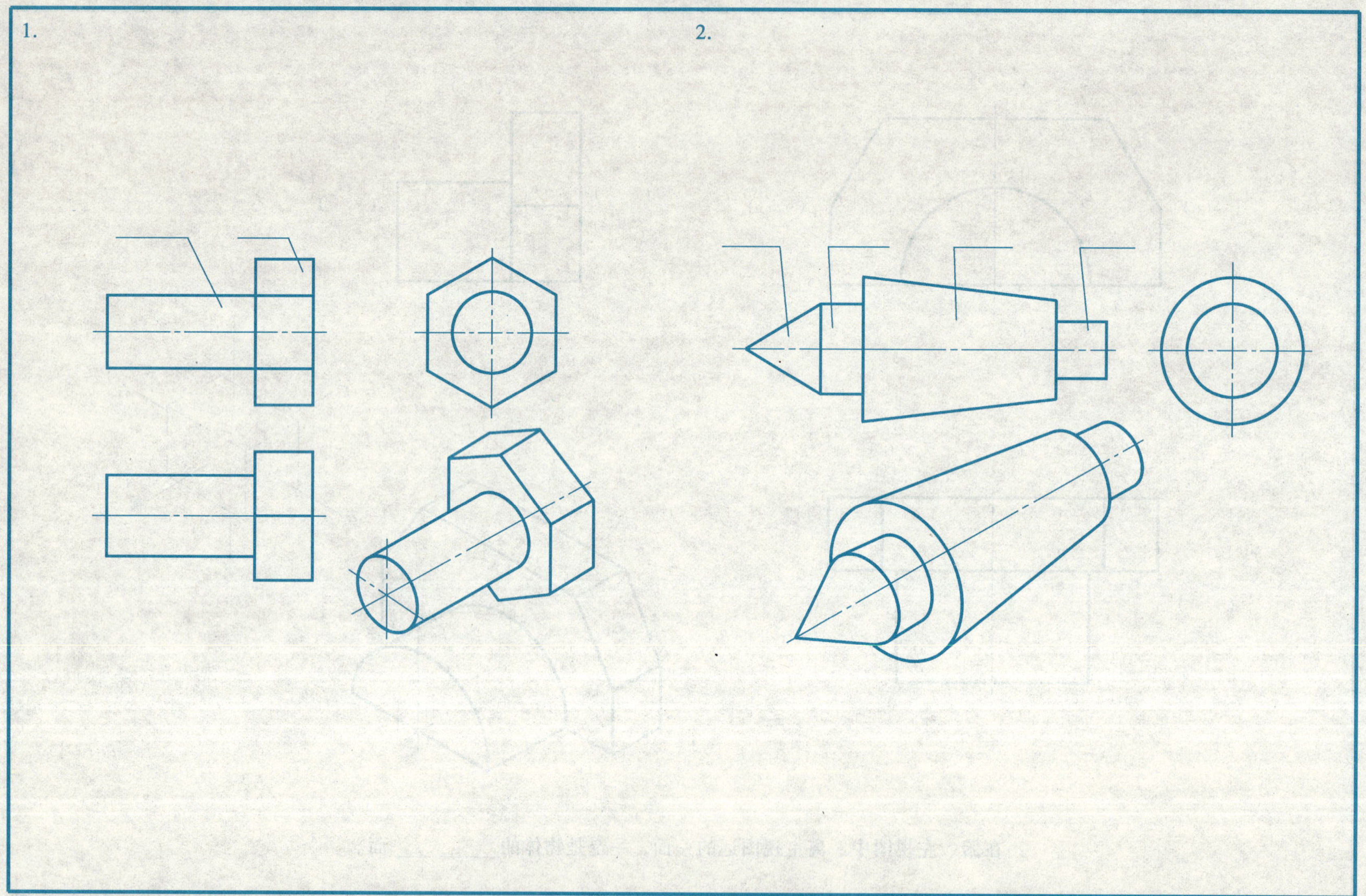

2-4 根据立体图，按 1∶1 画出基本几何体三视图

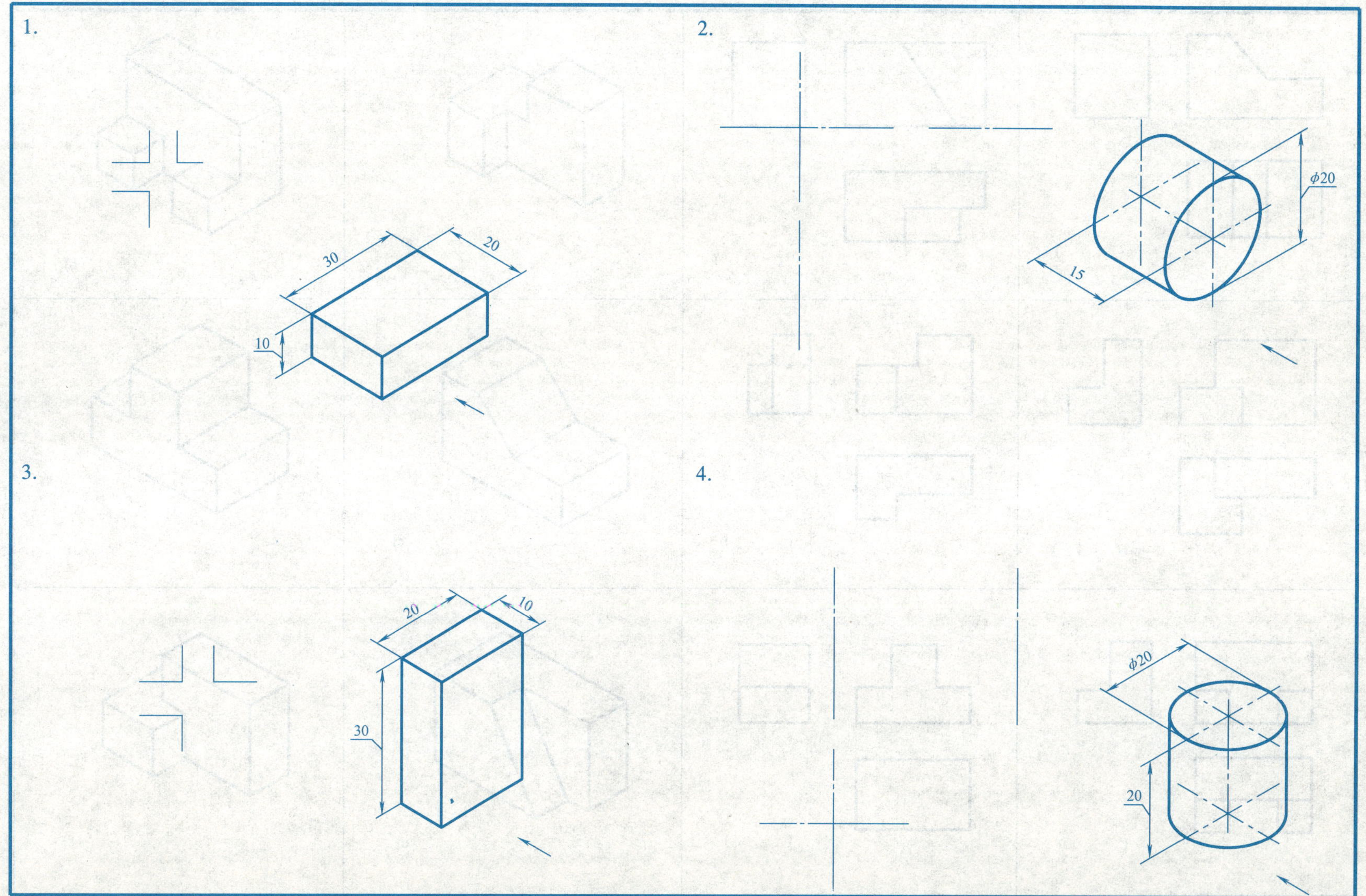

2-5 根据三视图找出对应的立体图，在（ ）内注出对应立体图的字母，并补画视图中的缺线

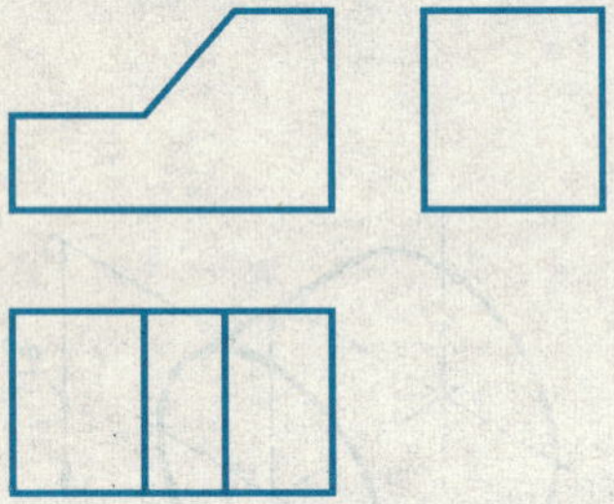

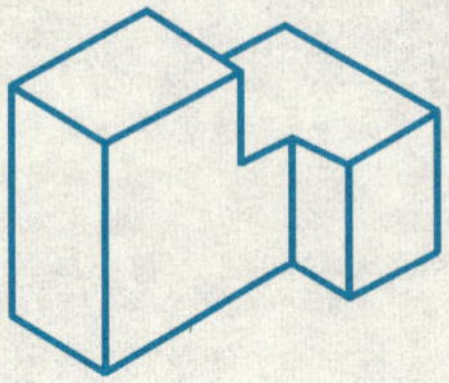

（ ）	（ ）	a)	b)
（ ）	（ ）	c)	d)
（ ）	（ ）	e)	f)

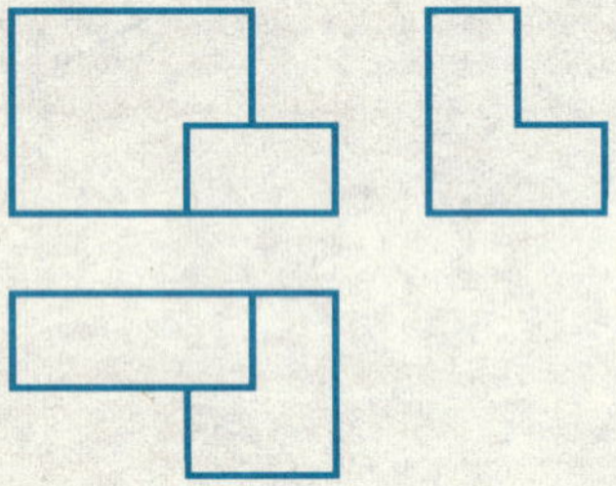

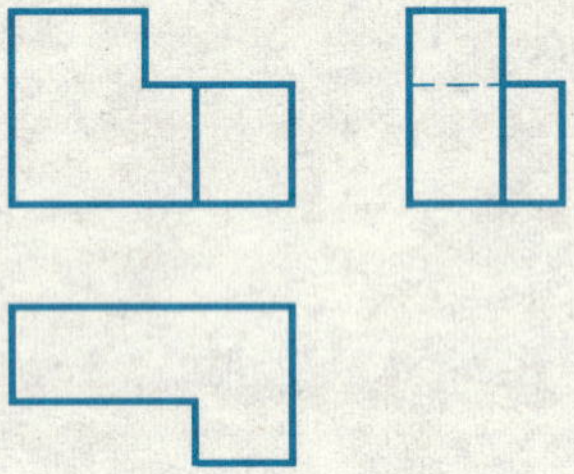

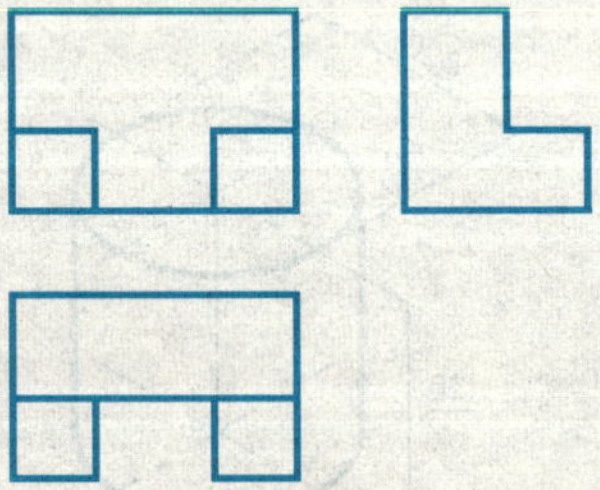

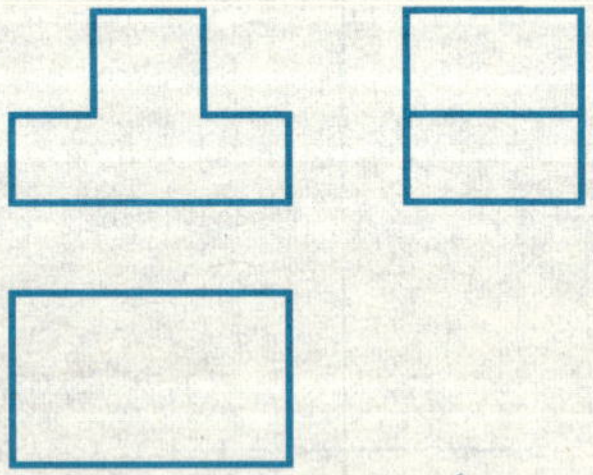

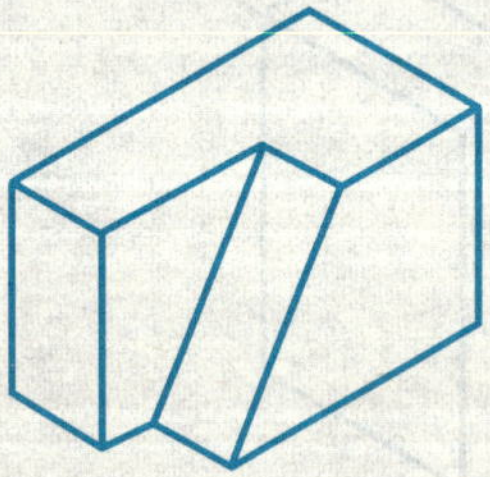

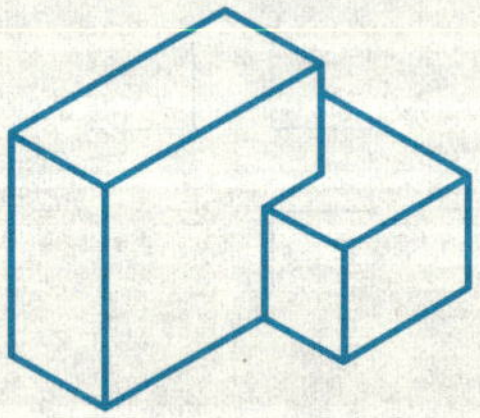

2-6 根据三视图找出对应的立体图，在（ ）内注出对应立体图的字母，并补画视图中的缺线

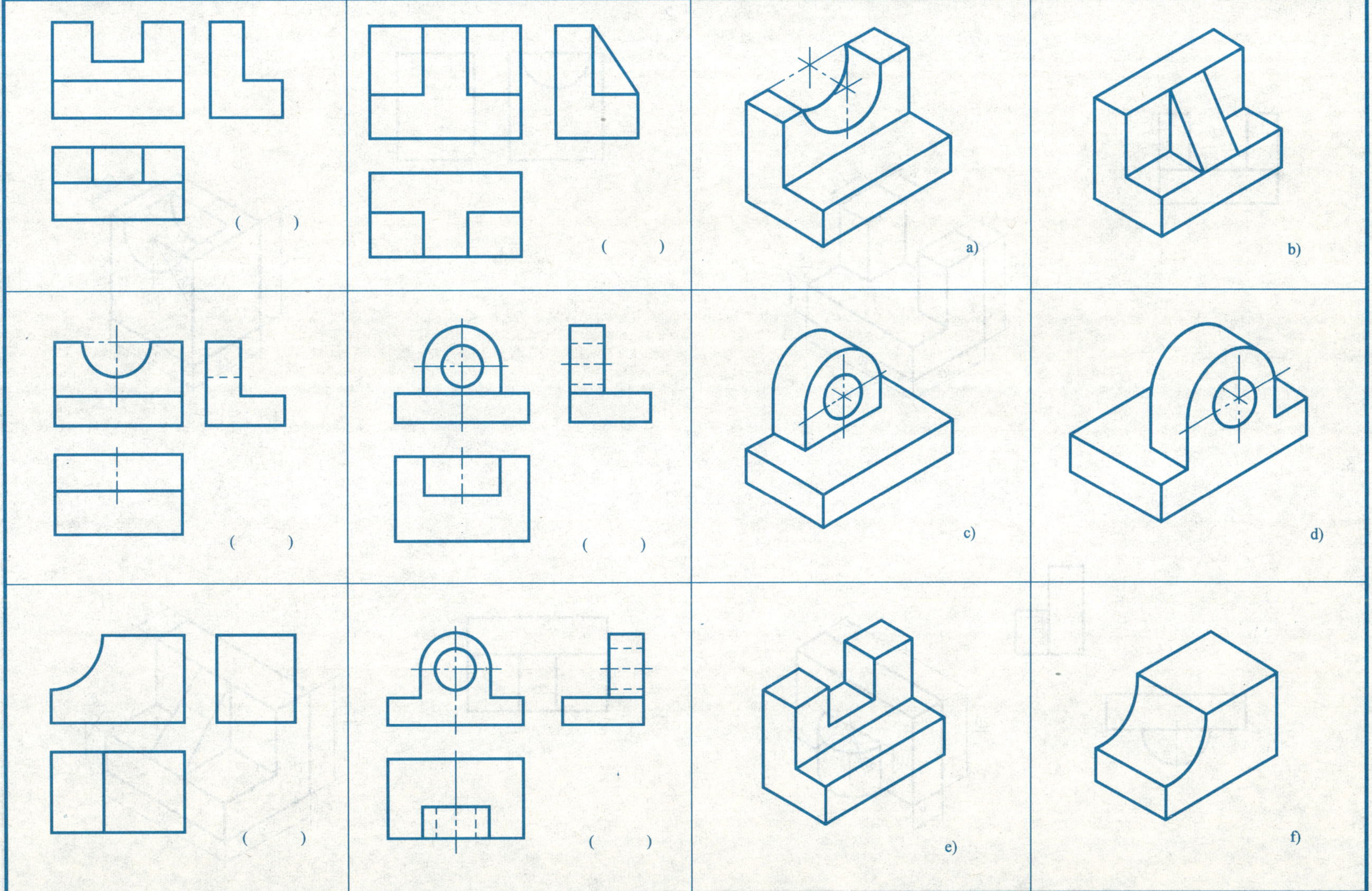

2-7 根据立体图，补全三视图

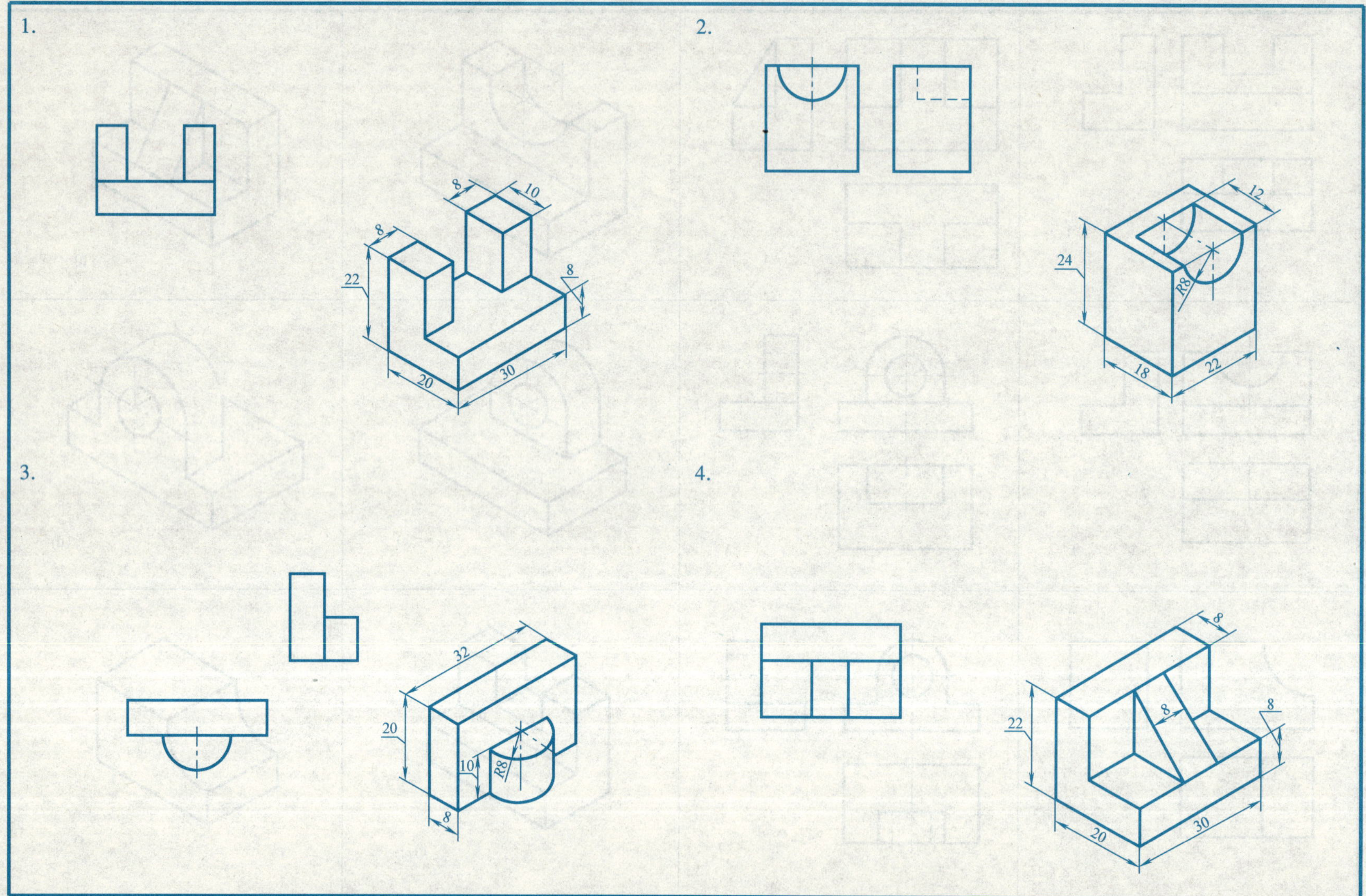

第三章　几何体表面点、线、平面的投影

3-1 点的投影练习

1. 根据直观图，作 *A* 点的投影图，尺寸从图中量取

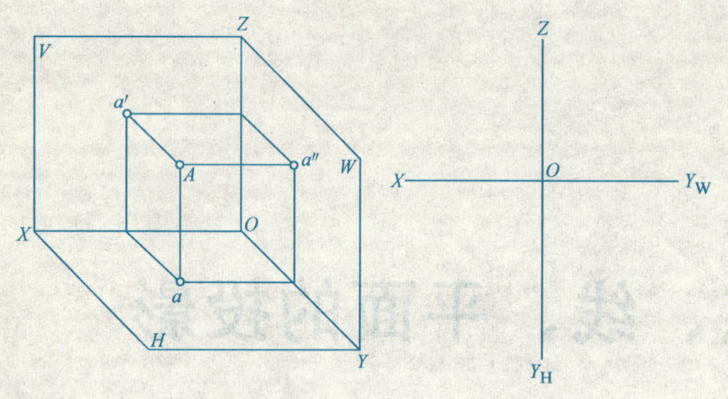

2. 作 *A*（25，10，15），*B*（20，0，15）点的投影图

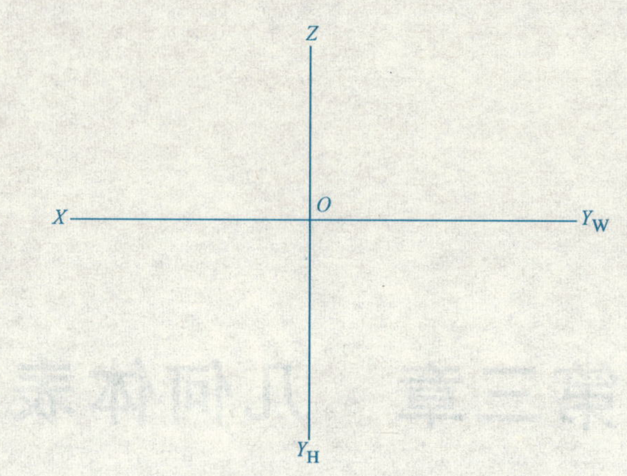

3. 参照轴测图，在三视图上标注 *A*、*B* 两点在 *H*、*W* 面上的投影，并填空

A 点在 *B* 点之______。（前、后）

A 点在 *B* 点之______。（上、下）

A 点在 *B* 点之______。（左、右）

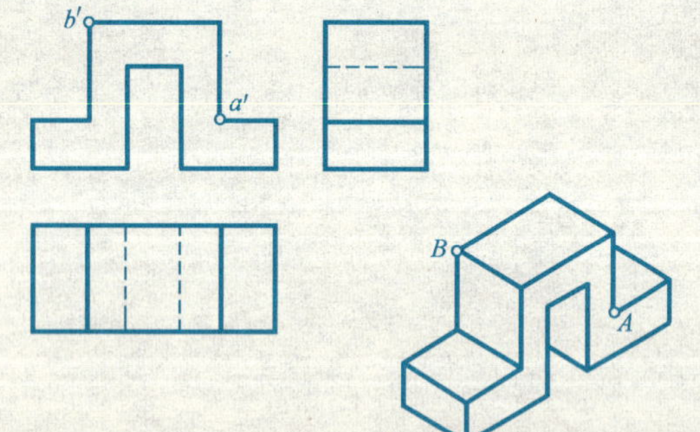

4. 已知 *A* 点在 *B* 点左方 10mm，下方 5mm，前方 10mm，请作出 *A* 点的三面投影

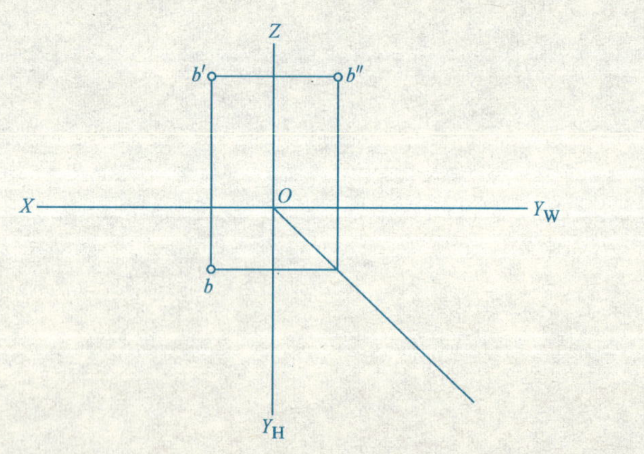

3-2 求点的第三面投影，并填写各点到投影面的距离，尺寸按图量取

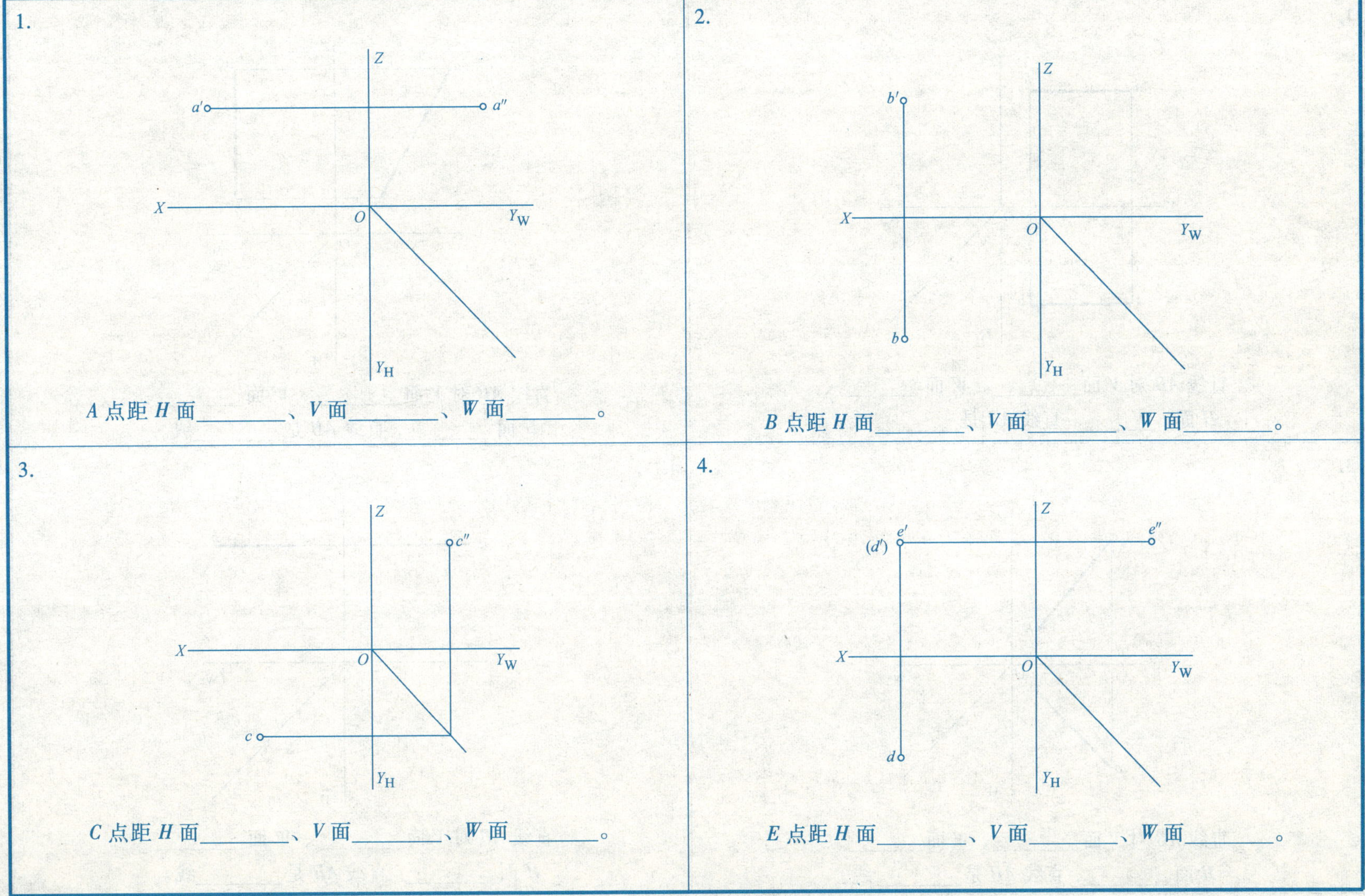

3-3　根据直线的两面投影求第三投影，判断其相对各投影面的位置及其空间位置后填空

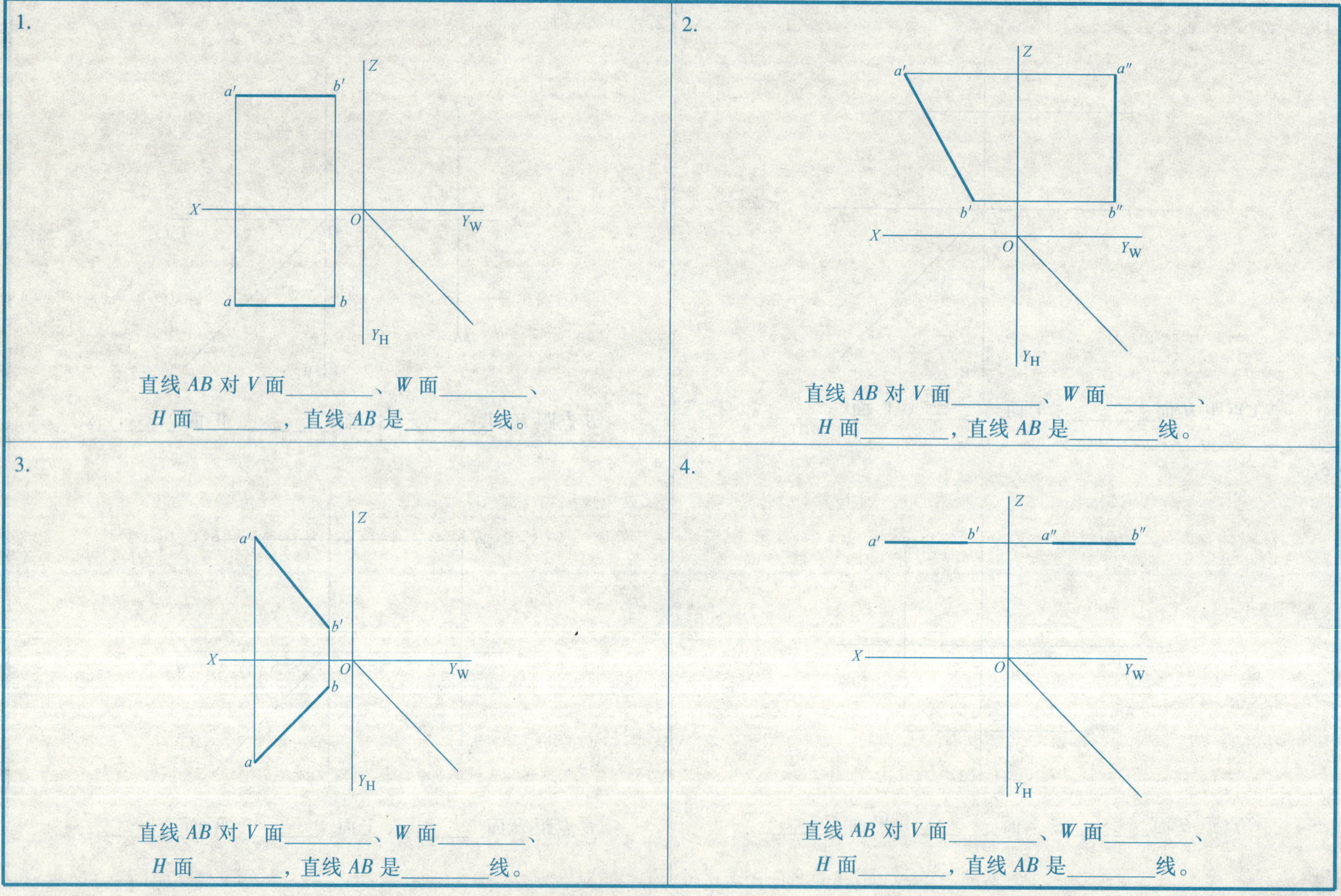

1. 直线 *AB* 对 *V* 面________、*W* 面________、*H* 面________，直线 *AB* 是________线。

2. 直线 *AB* 对 *V* 面________、*W* 面________、*H* 面________，直线 *AB* 是________线。

3. 直线 *AB* 对 *V* 面________、*W* 面________、*H* 面________，直线 *AB* 是________线。

4. 直线 *AB* 对 *V* 面________、*W* 面________、*H* 面________，直线 *AB* 是________线。

3-4 根据直线的两面投影求第三面投影，判断直线 *AB* 对各投影面的相对位置及其空间位置，求其实长（用图中线段表示）

1.

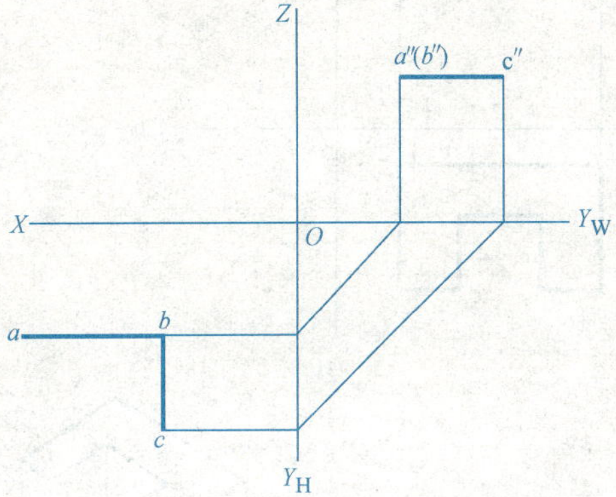

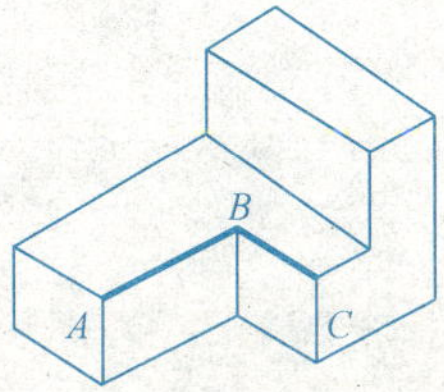

直线 *AB* 对 *V* 面________、*W* 面________、*H* 面________，
AB 是________线，*AB* 实长________。

2.

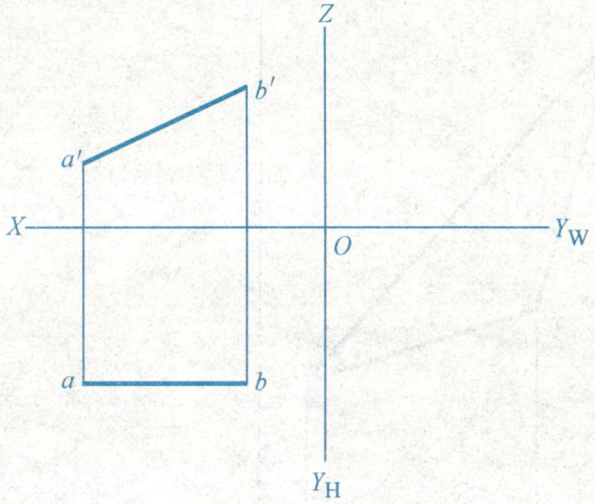

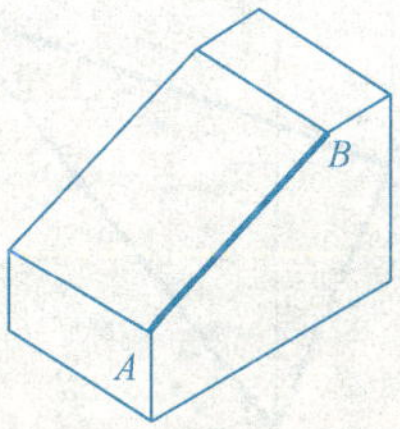

直线 *AB* 对 *V* 面________、*W* 面________、*H* 面________，
AB 是________线，*AB* 实长________。

3-5　求平面的第三投影，判断其相对各投影面的位置及其空间位置后填空

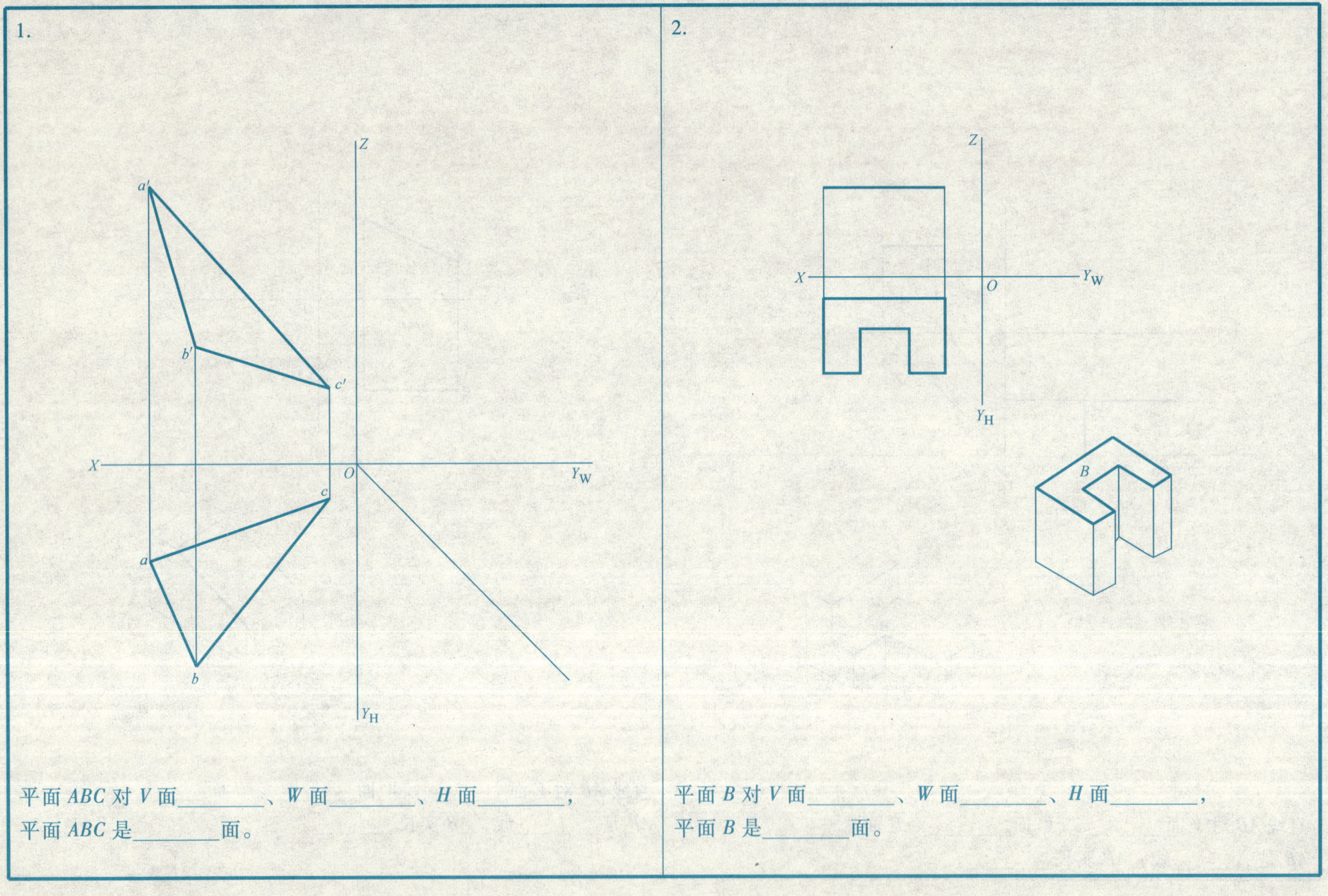

平面 *ABC* 对 *V* 面________、*W* 面________、*H* 面________，
平面 *ABC* 是________面。

平面 *B* 对 *V* 面________、*W* 面________、*H* 面________，
平面 *B* 是________面。

3-6　求平面的第三投影，判断其相对各投影面的位置及其空间位置后填空

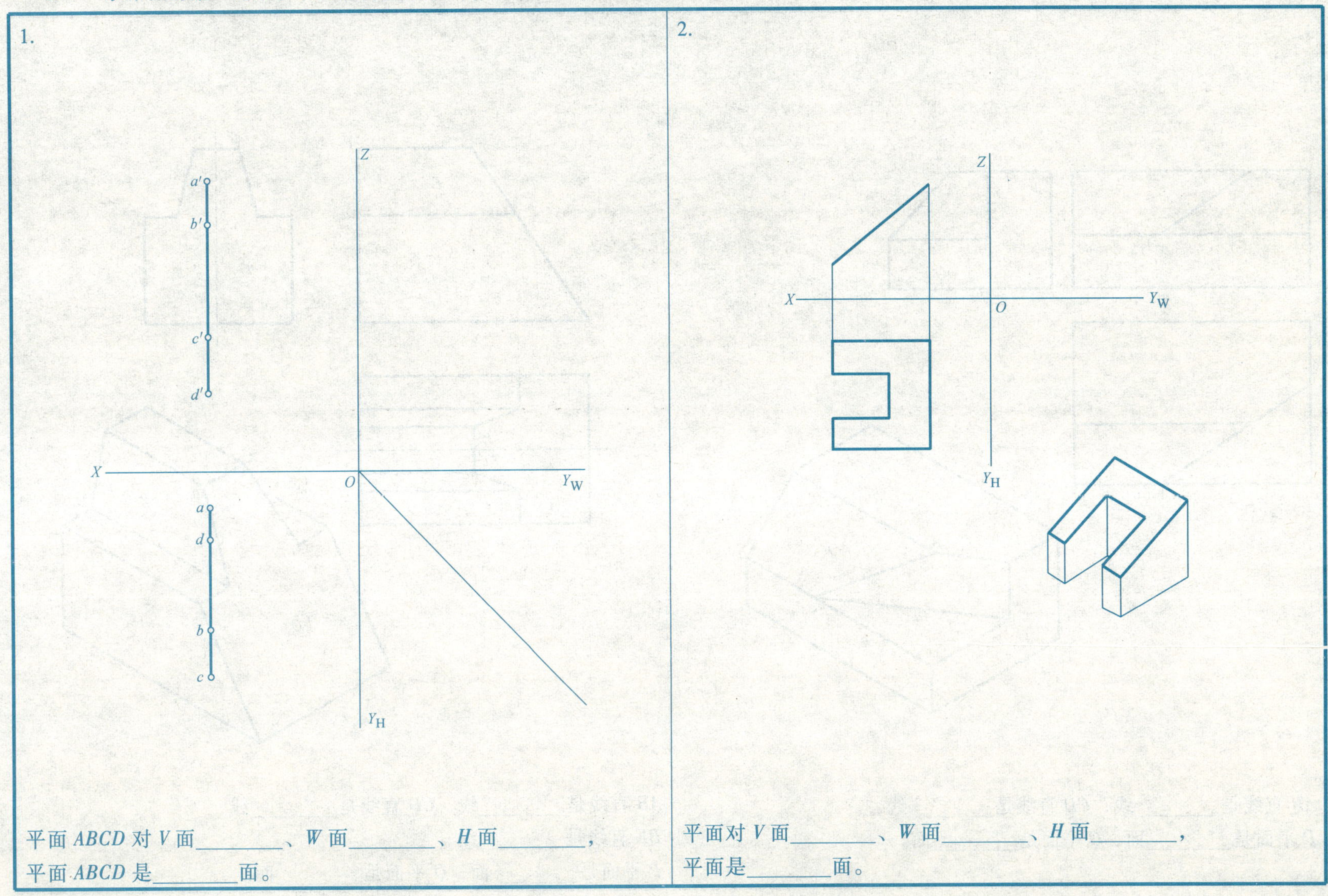

平面 *ABCD* 对 *V* 面________、*W* 面________、*H* 面________，

平面 *ABCD* 是________面。

平面对 *V* 面________、*W* 面________、*H* 面________，

平面是________面。

3-7 参考立体图注出平面 *P*、*Q* 和直线 *AB*、*CD* 的三面投影，并根据它们对投影面的相对位置填空

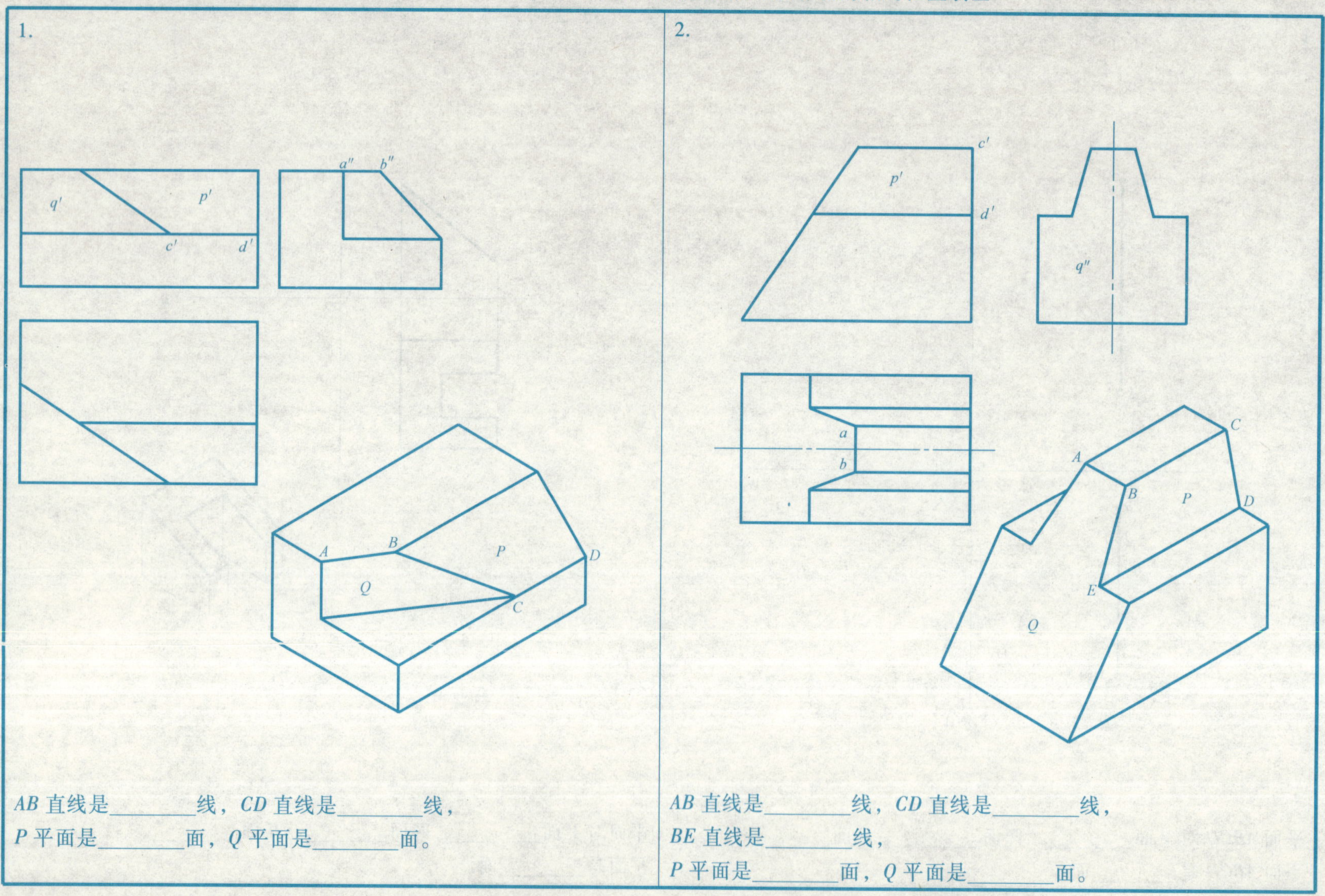

1. *AB* 直线是________线，*CD* 直线是________线，
P 平面是________面，*Q* 平面是________面。

2. *AB* 直线是________线，*CD* 直线是________线，
BE 直线是________线，
P 平面是________面，*Q* 平面是________面。

3-8 求作立体表面点的另两个投影

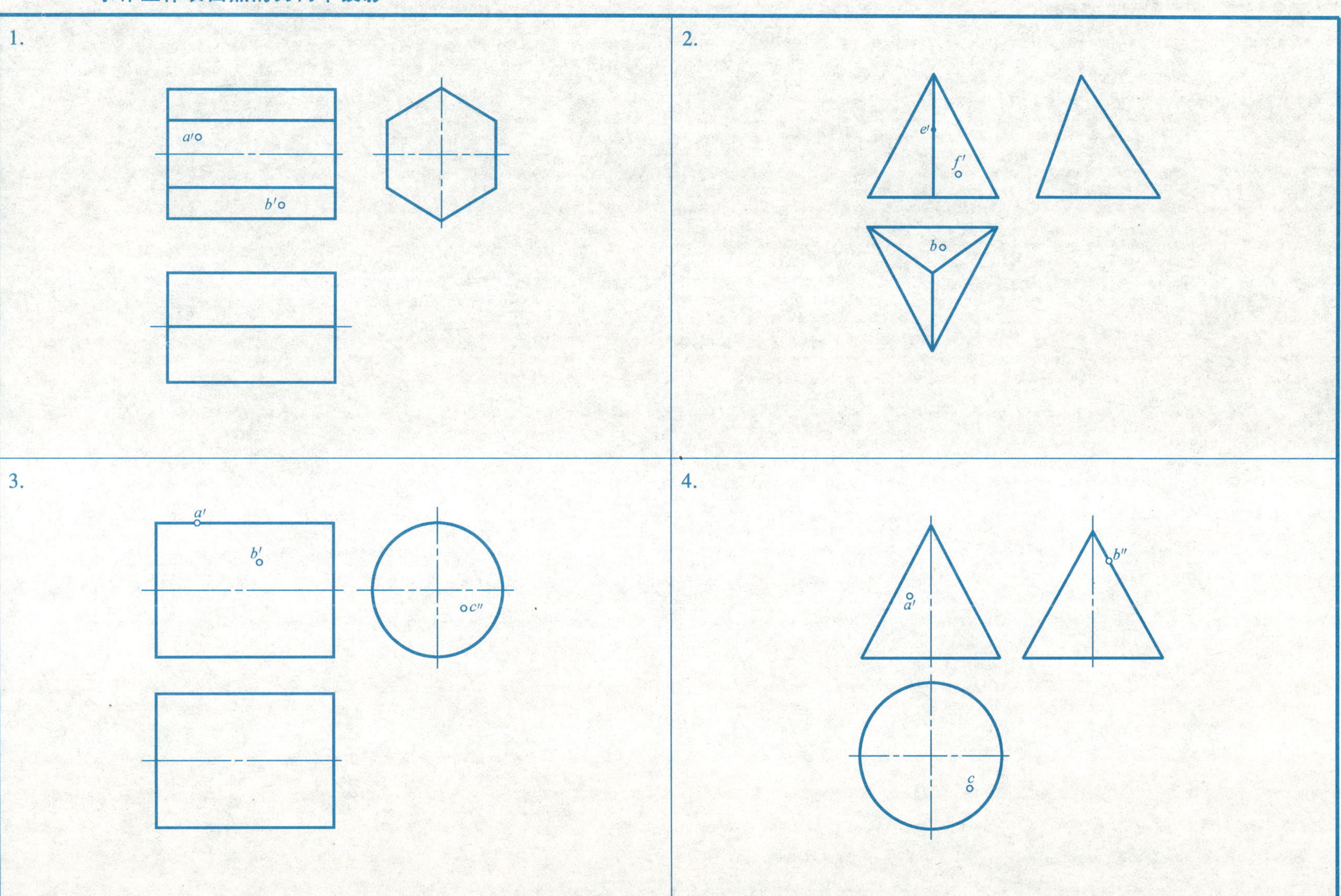

第四章　组合体视图

4-1 根据已知视图，找出各轴测图对应的主、俯视图，并剪贴在一起

4-2 在给出的 a ~ m 视图中，找出各轴测图对应的三视图，把对应的字母填入表格中

a b c d

e f g h

i j k m

轴测图	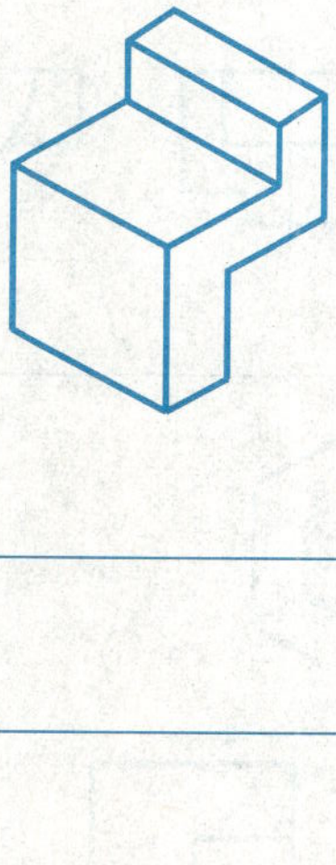	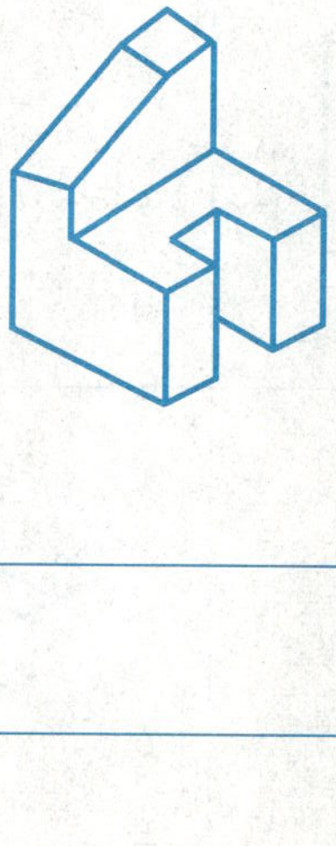		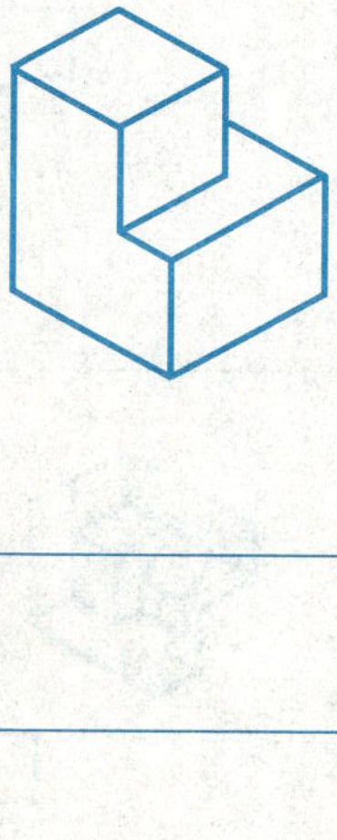
主视图				
左视图				
俯视图				

4-3 根据已知图形补画缺线

4-4 根据轴测图，完成三视图

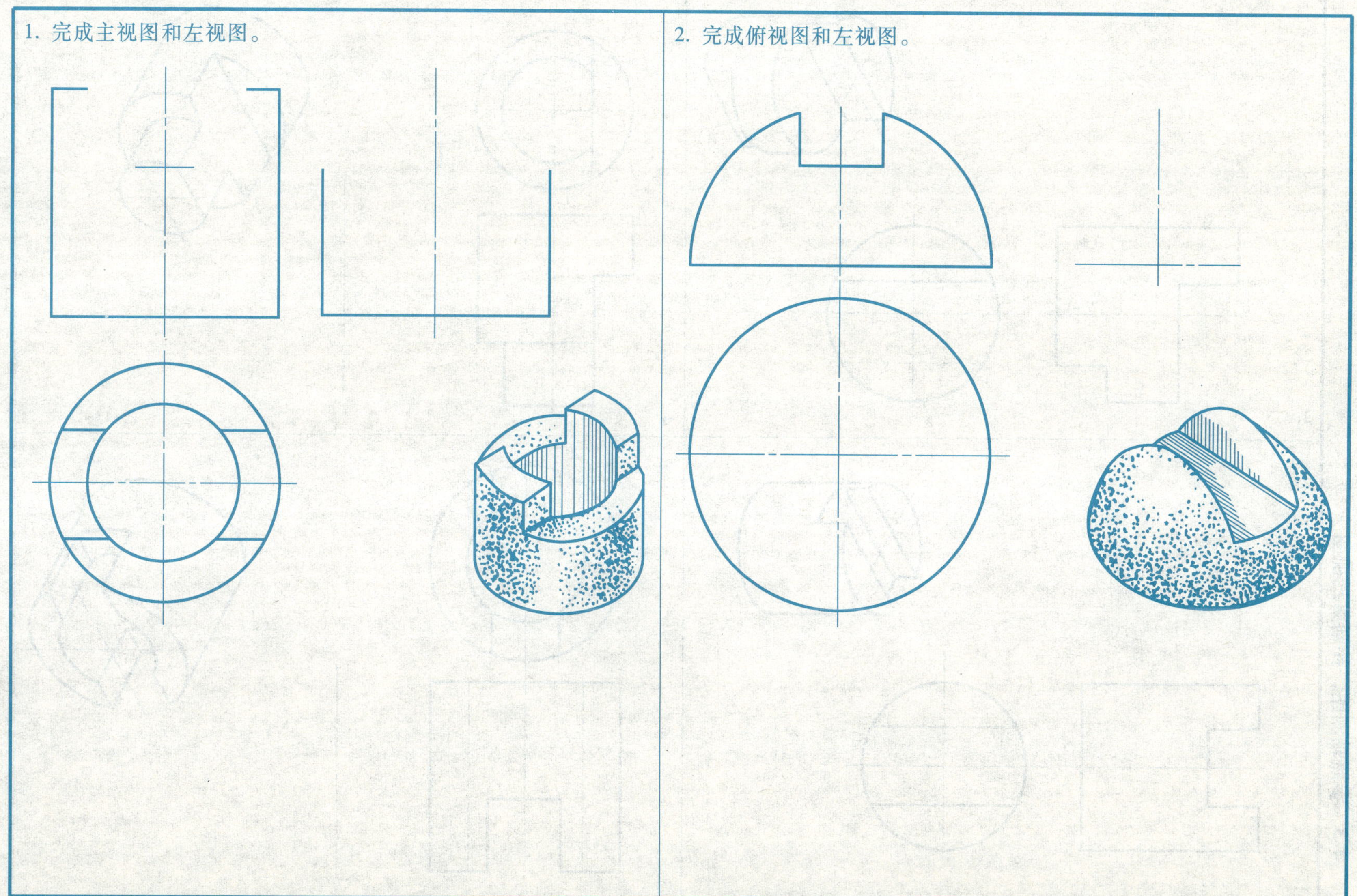

4-5 参照轴测图，补画第三视图

1.

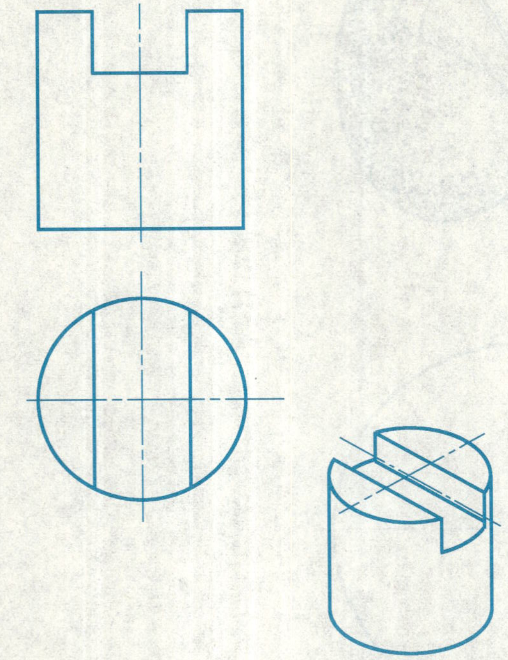

2.

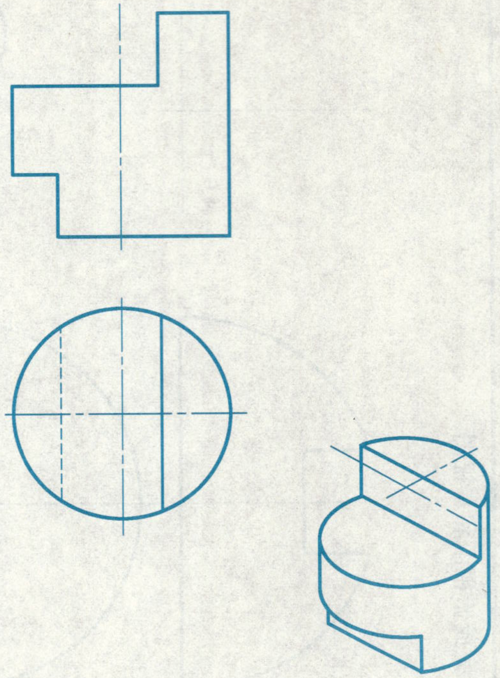

3.

4.

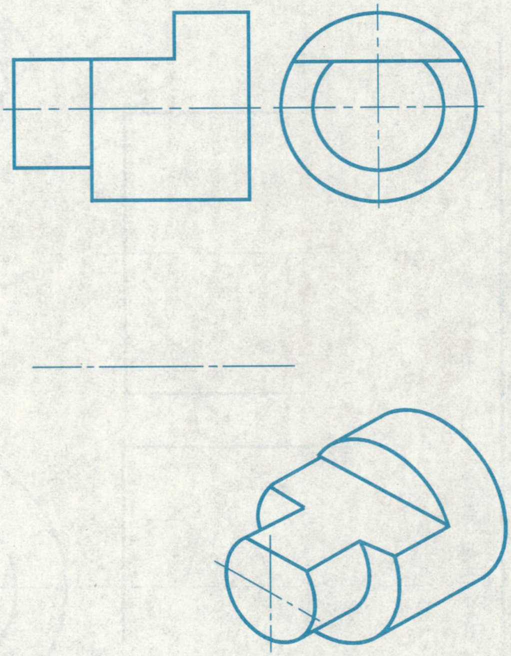

4-6 根据已知图形选择正确图形，在（ ）打“√”

1.

（ ）（ ）（ ）（ ）

2.

（ ）（ ）（ ）（ ）

3.

（ ）（ ）（ ）（ ）

4.

（ ）（ ）（ ）（ ）

4-7 补全下列形体中相贯线的投影

1.

2.

3.

4.

5.

6.

＊4-8　根据已知视图，画出对应的第三视图

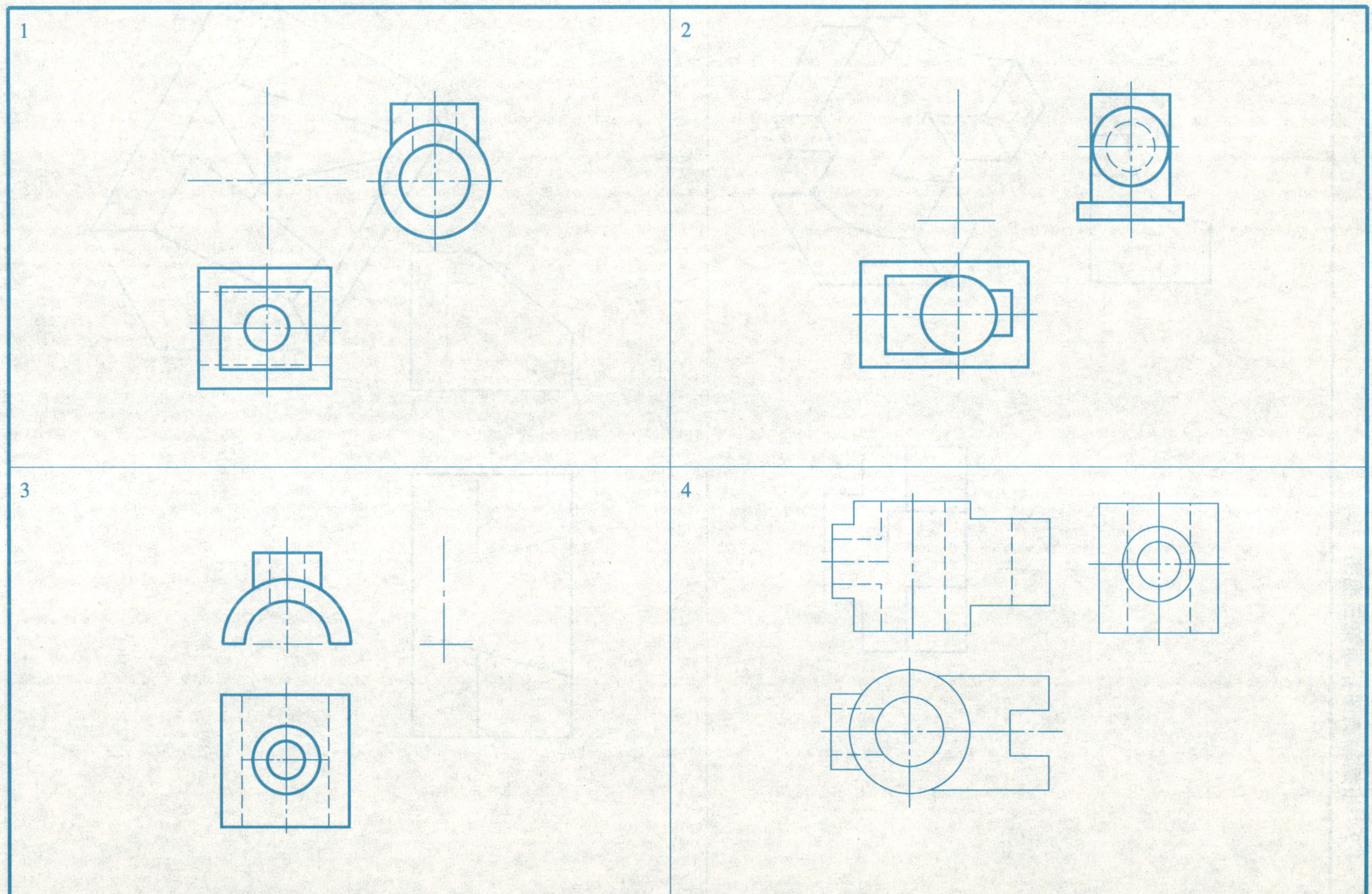

4-9 根据轴测图补画第三视图

1.

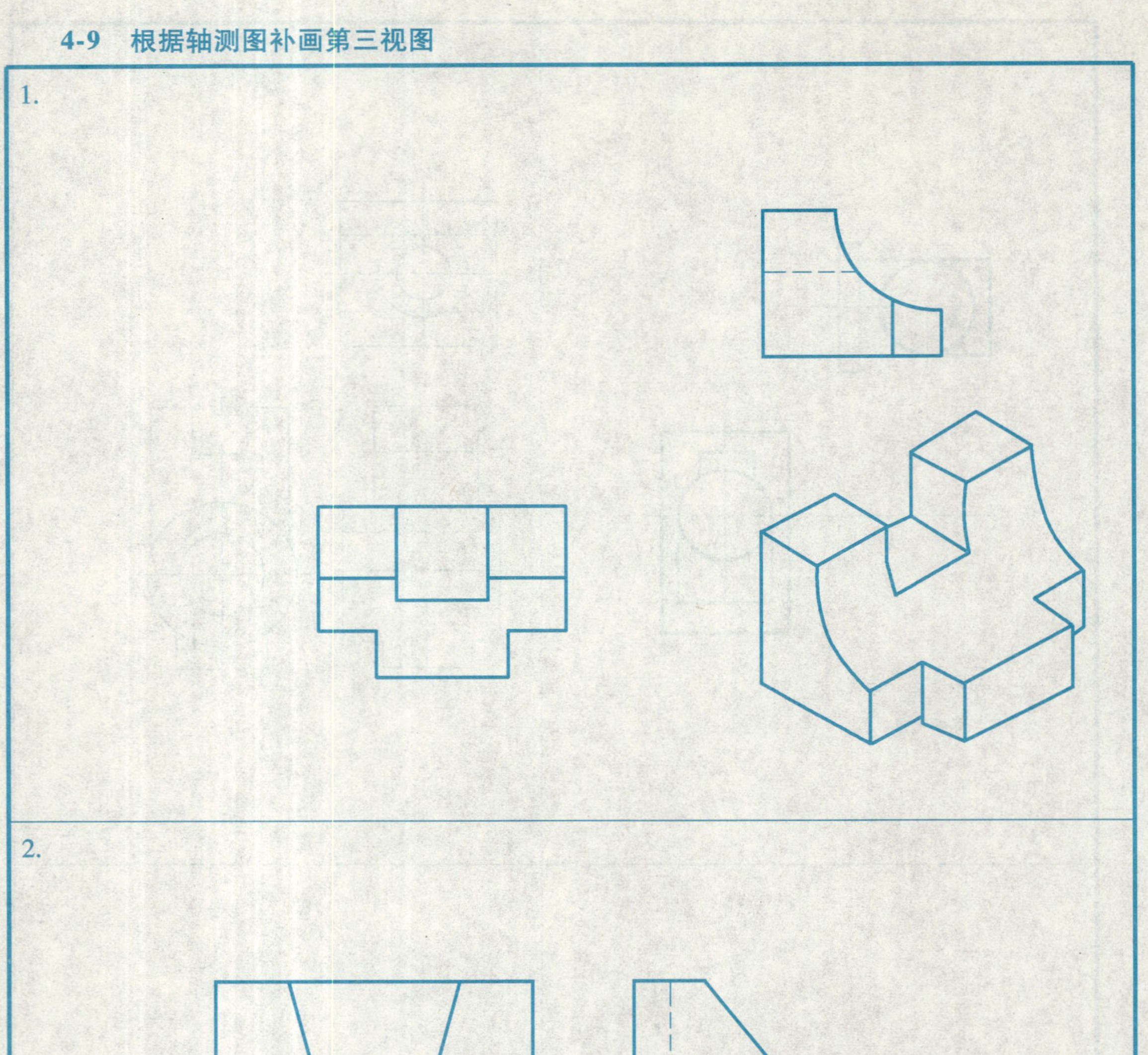

2.

＊4-10 根据轴测图，在视图上正确标注尺寸

1.

2.

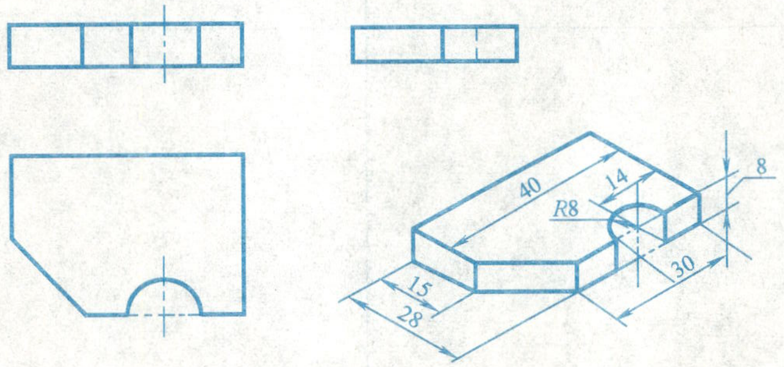

3.

4-11 根据已有的一个图形，想象物体的形状，补画物体的其他两个视图

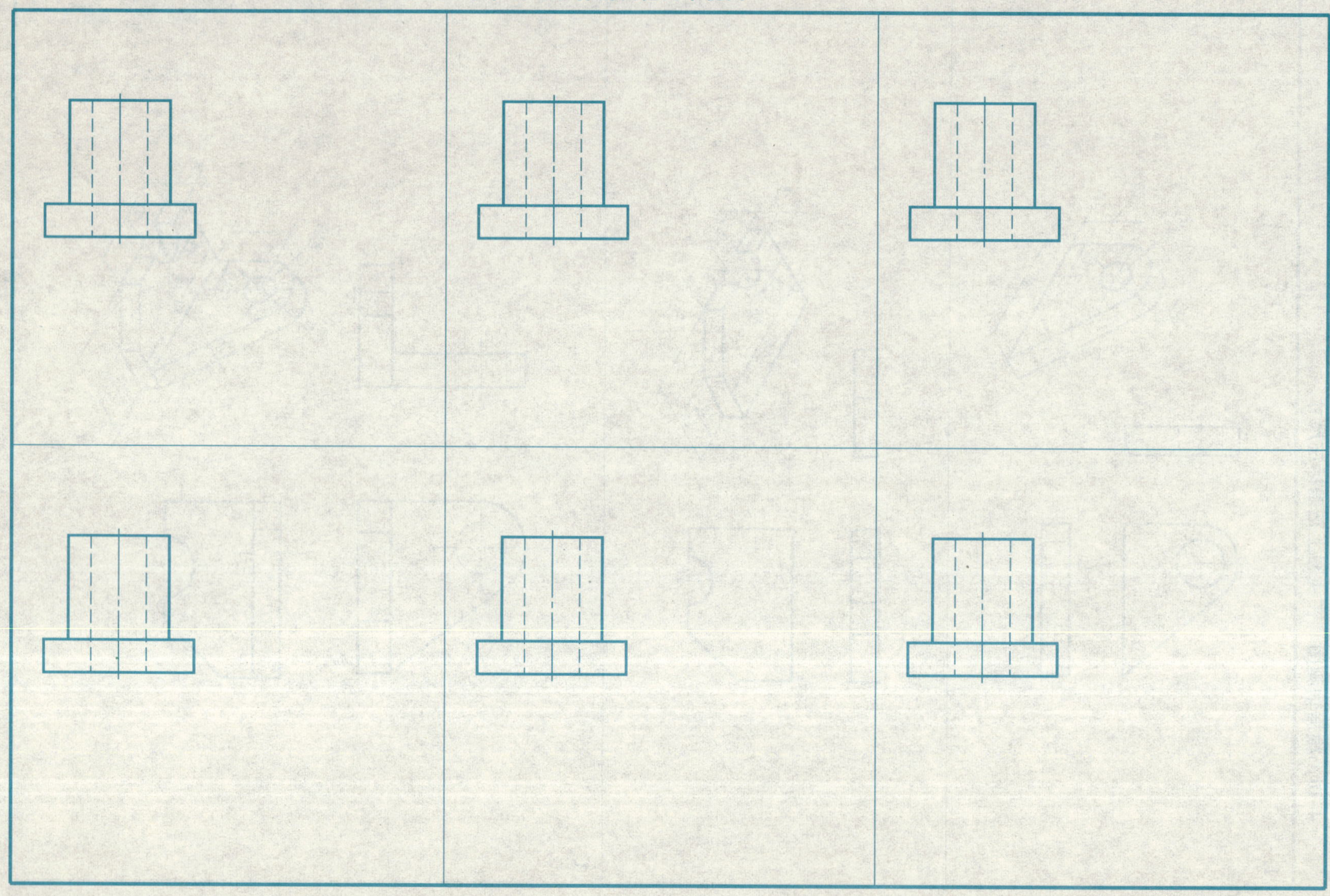

4-12 根据已有的两个图形，想象物体形状，补画第三视图（至少三个）

4-13 运用形体分析法，找出对应形体在其他视图的投影，并完成填空

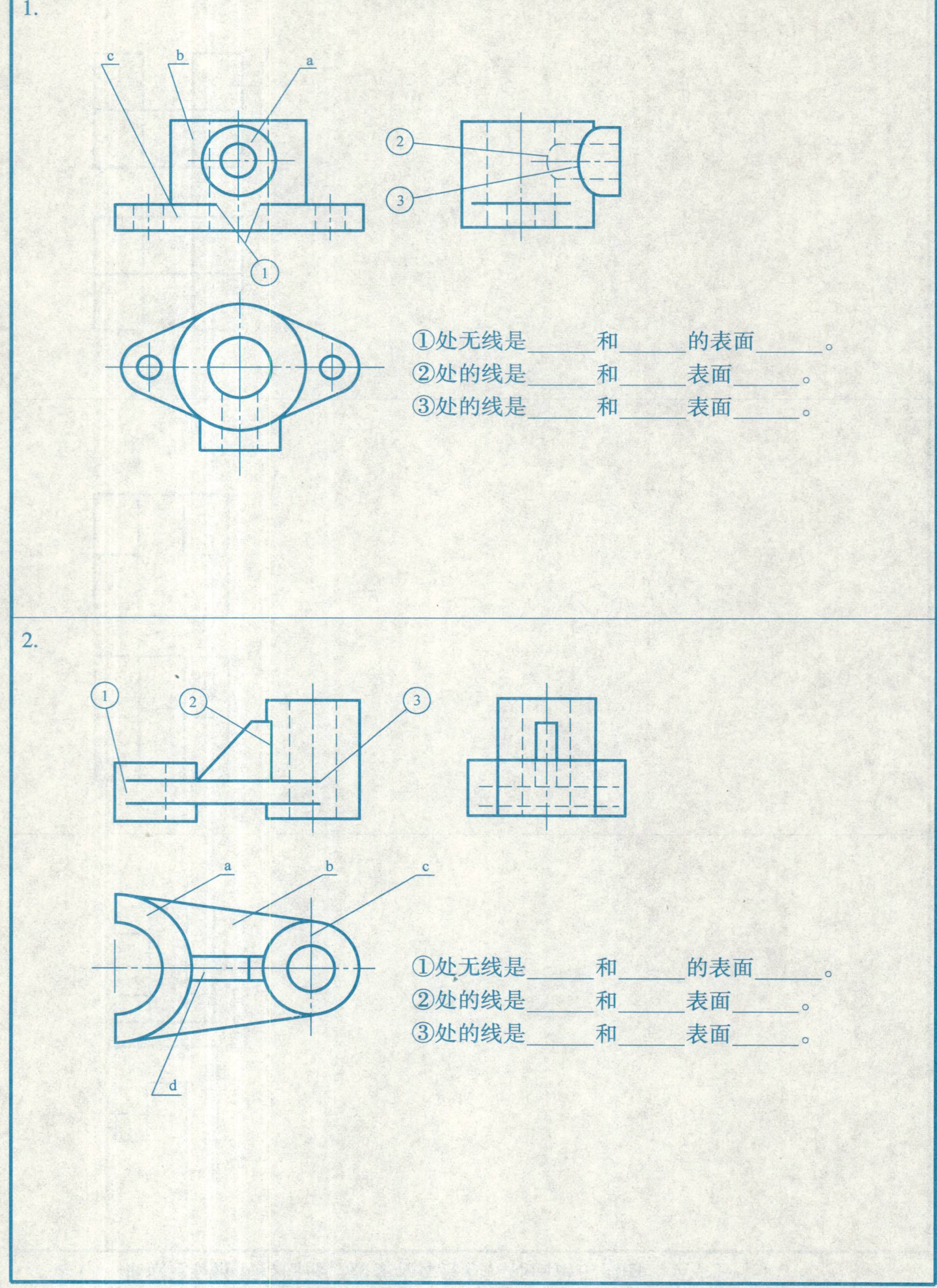

1.

①处无线是______和______的表面______。
②处的线是______和______表面______。
③处的线是______和______表面______。

2.

①处无线是______和______的表面______。
②处的线是______和______表面______。
③处的线是______和______表面______。

4-14 根据已知视图和轴测图，在正确俯视图的（ ）内打“√”

1.

（ ）

（ ）

（ ）

2.

（ ）

（ ）

（ ）

3.

（ ）

（ ）

（ ）

4.

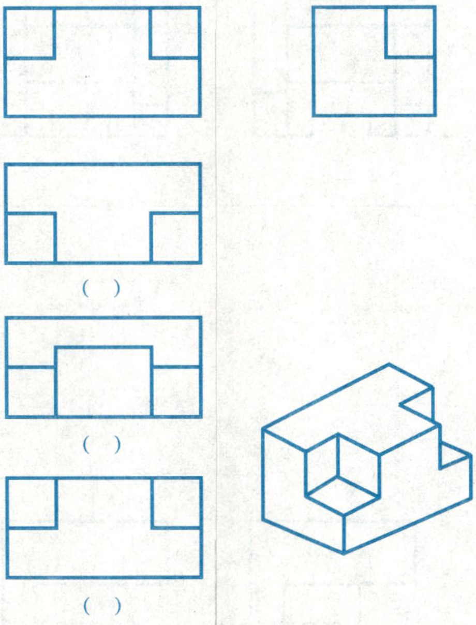

（ ）

（ ）

（ ）

4-15 根据已知视图，在正确左视图的（ ）内打“√”

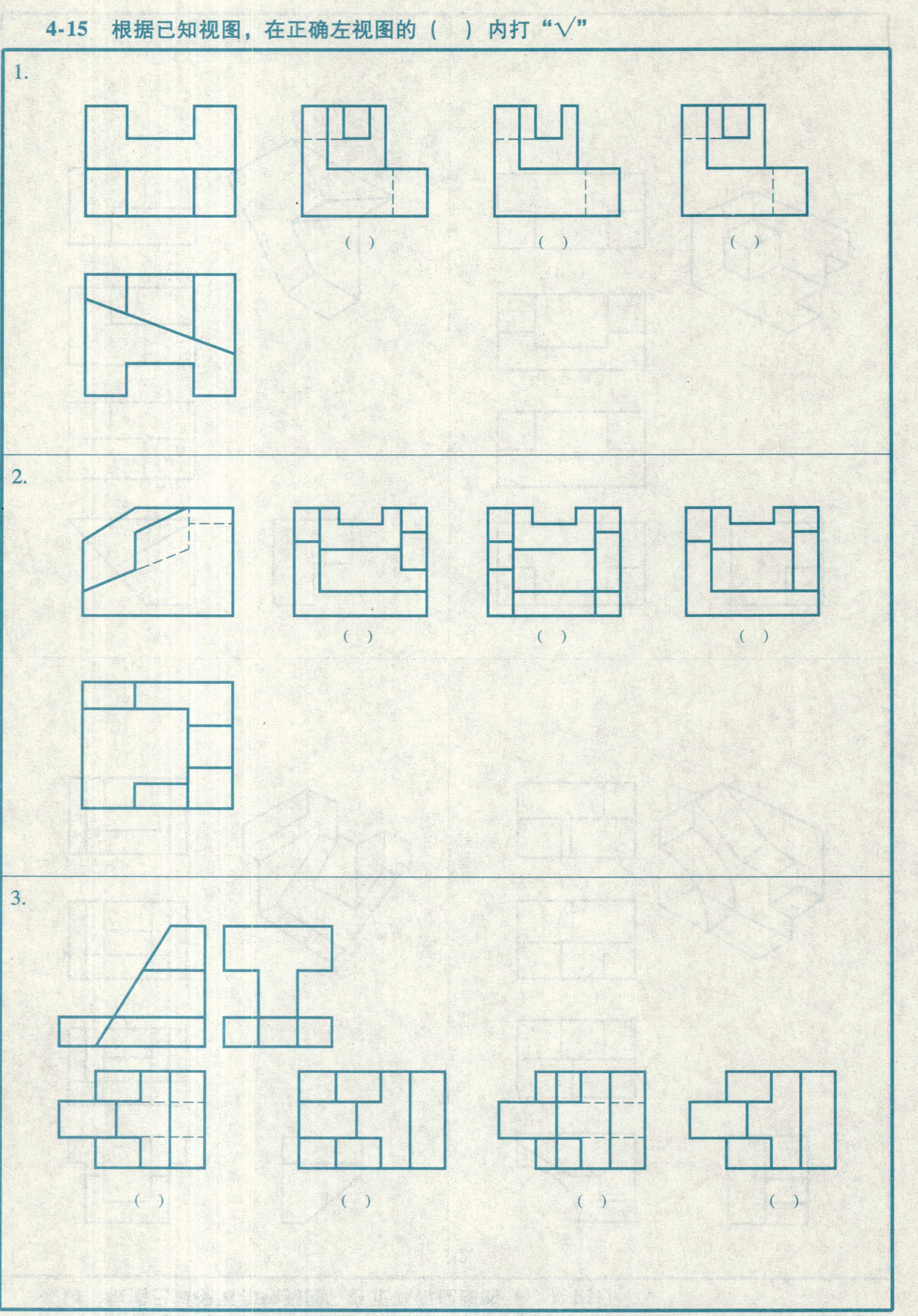

4-16 根据已知视图，在正确左视图或俯视图的（ ）内打“√”

1.

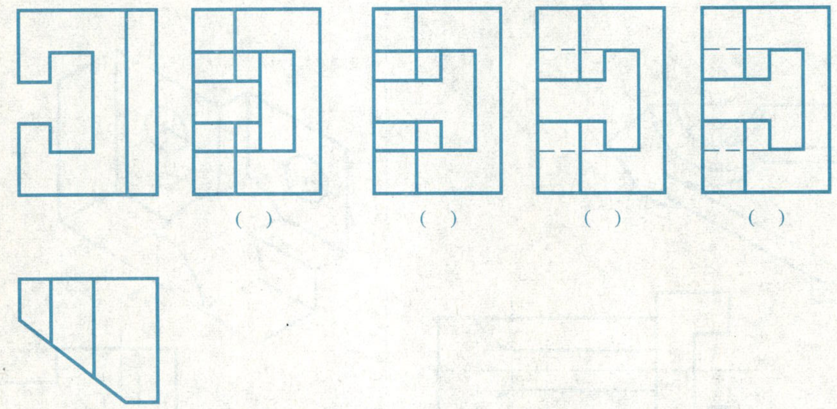

（ ）（ ）（ ）（ ）

2.

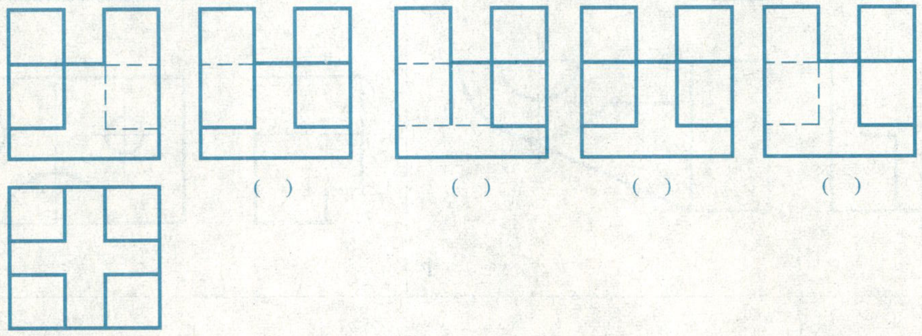

（ ）（ ）（ ）（ ）

3.

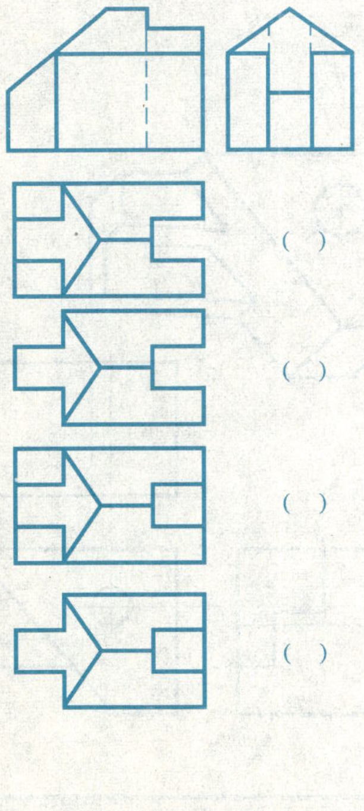

（ ）

（ ）

（ ）

（ ）

4.

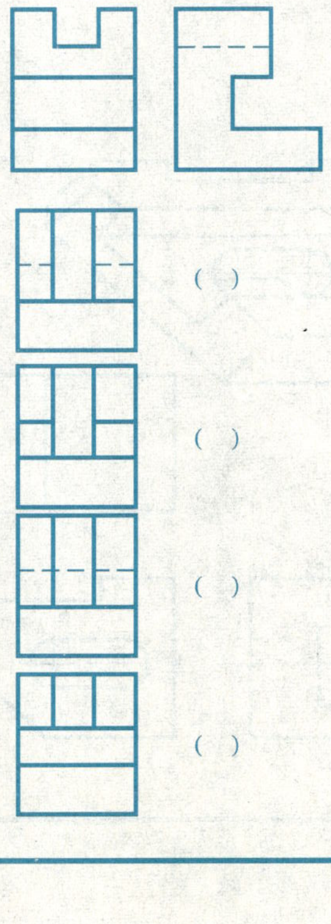

（ ）

（ ）

（ ）

（ ）

4-17 分析图形，补画视图中的缺线

4-18 根据已知图形补画第三视图

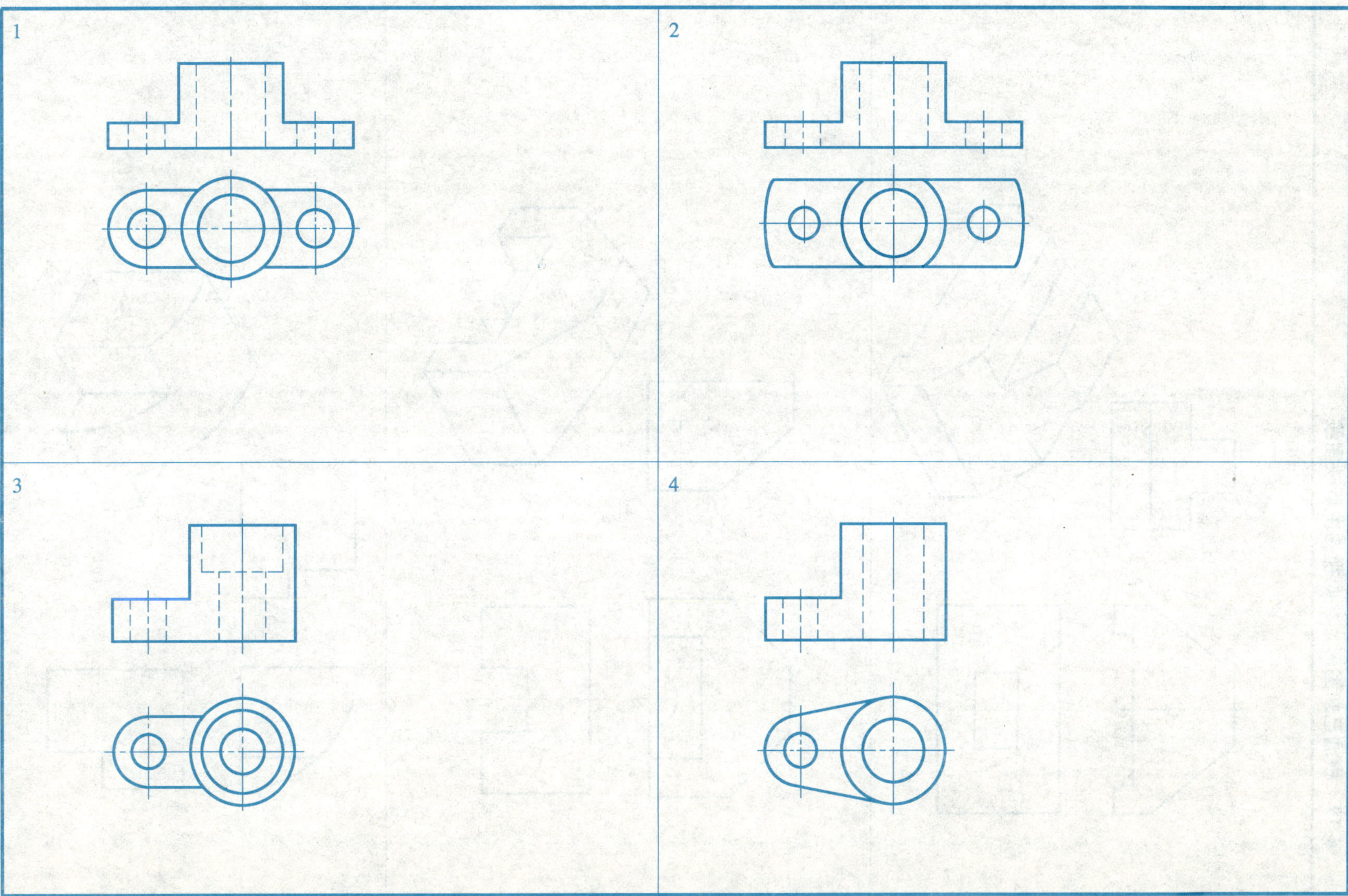

4-19 根据已知图形，补画视图中所缺图线

1.

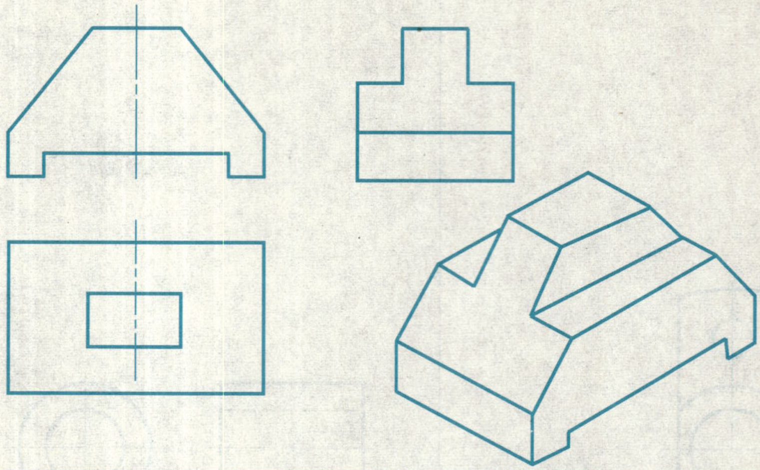

2.

3.

4-20 根据已知图形，补画缺线

4-21 根据已知的两个视图，补画第三视图

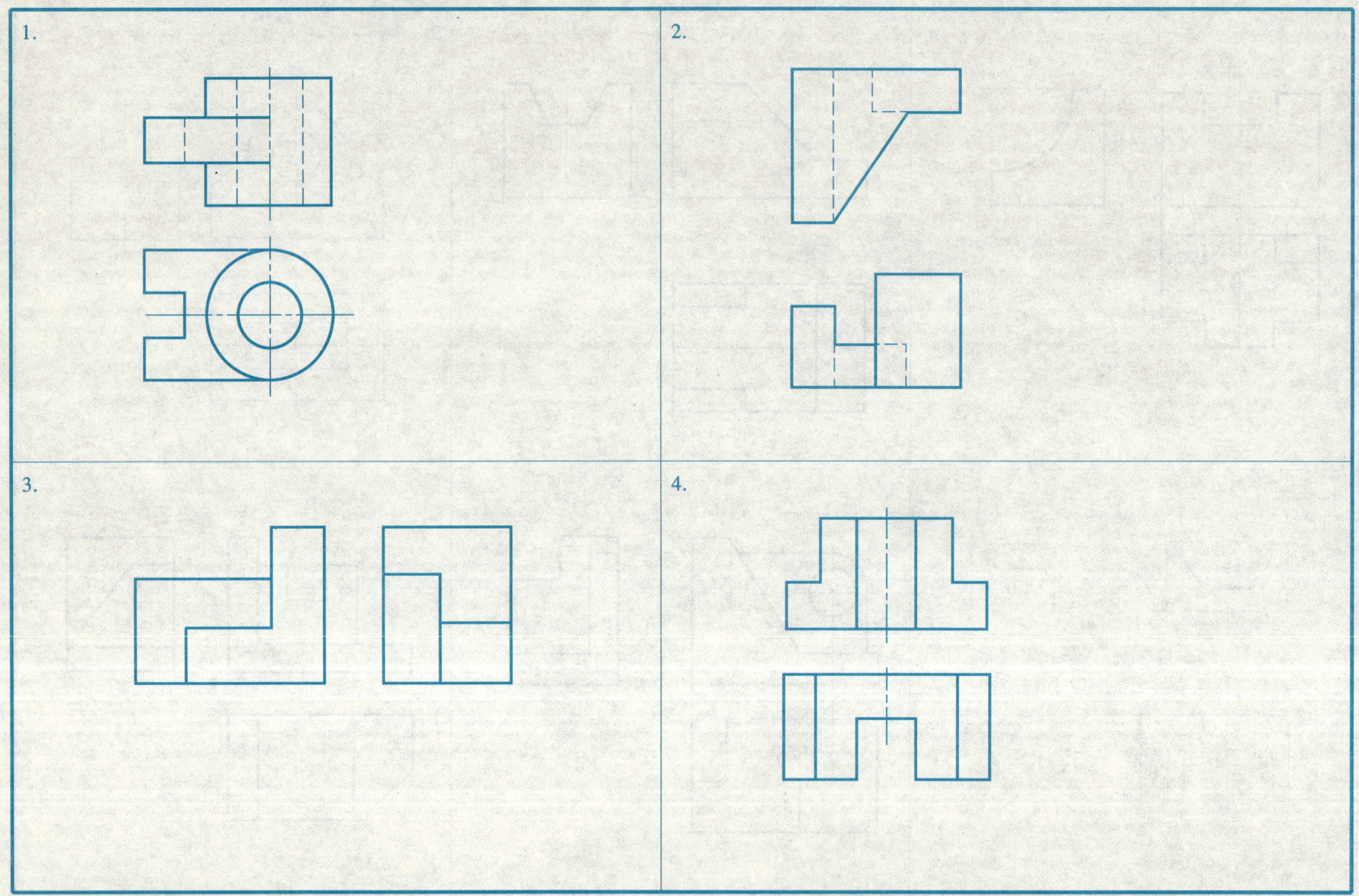

*4-22　根据已知的两个视图，补画第三视图

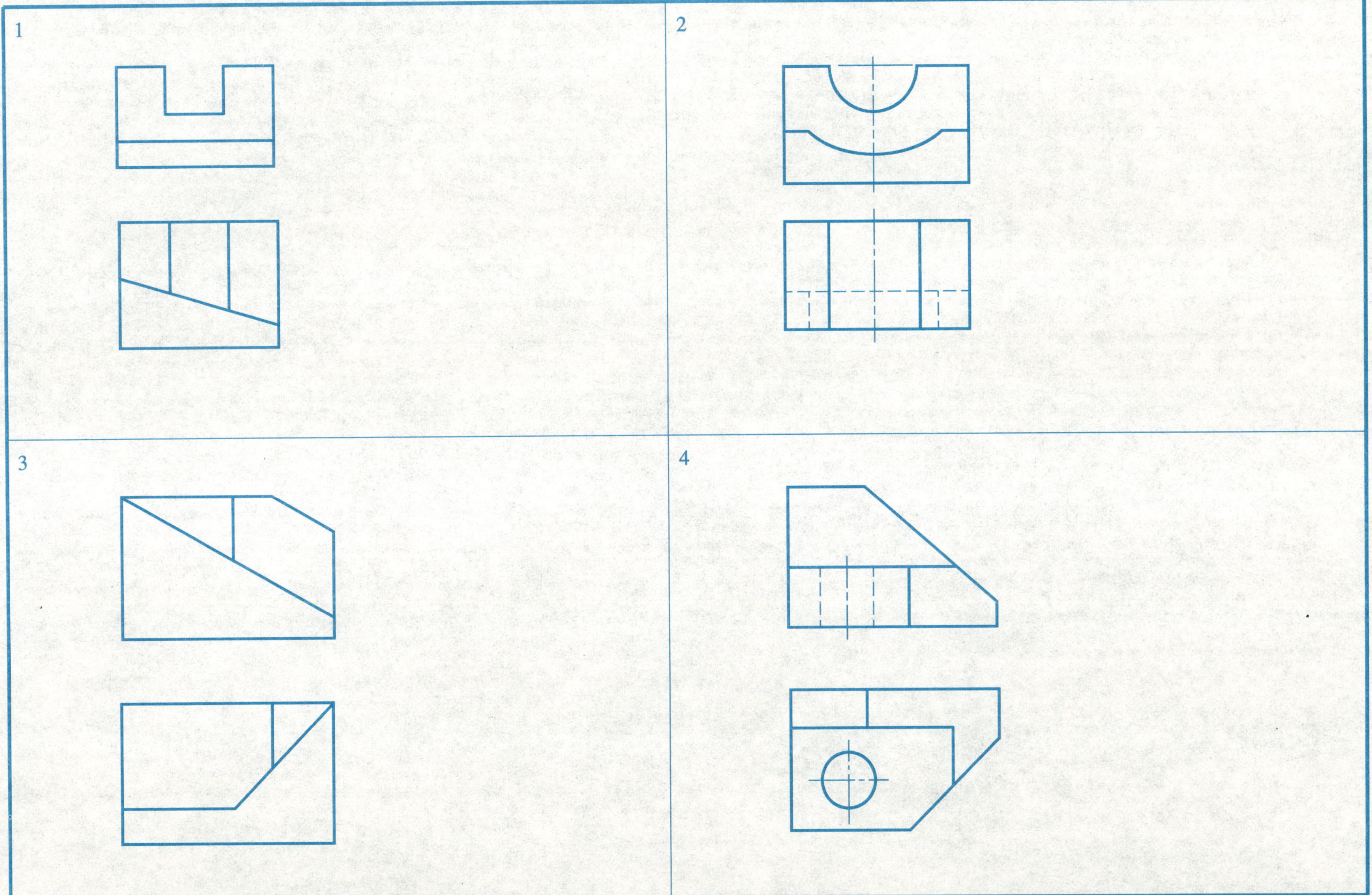

第五章　轴　测　图

5-1　根据视图完成正等轴测图

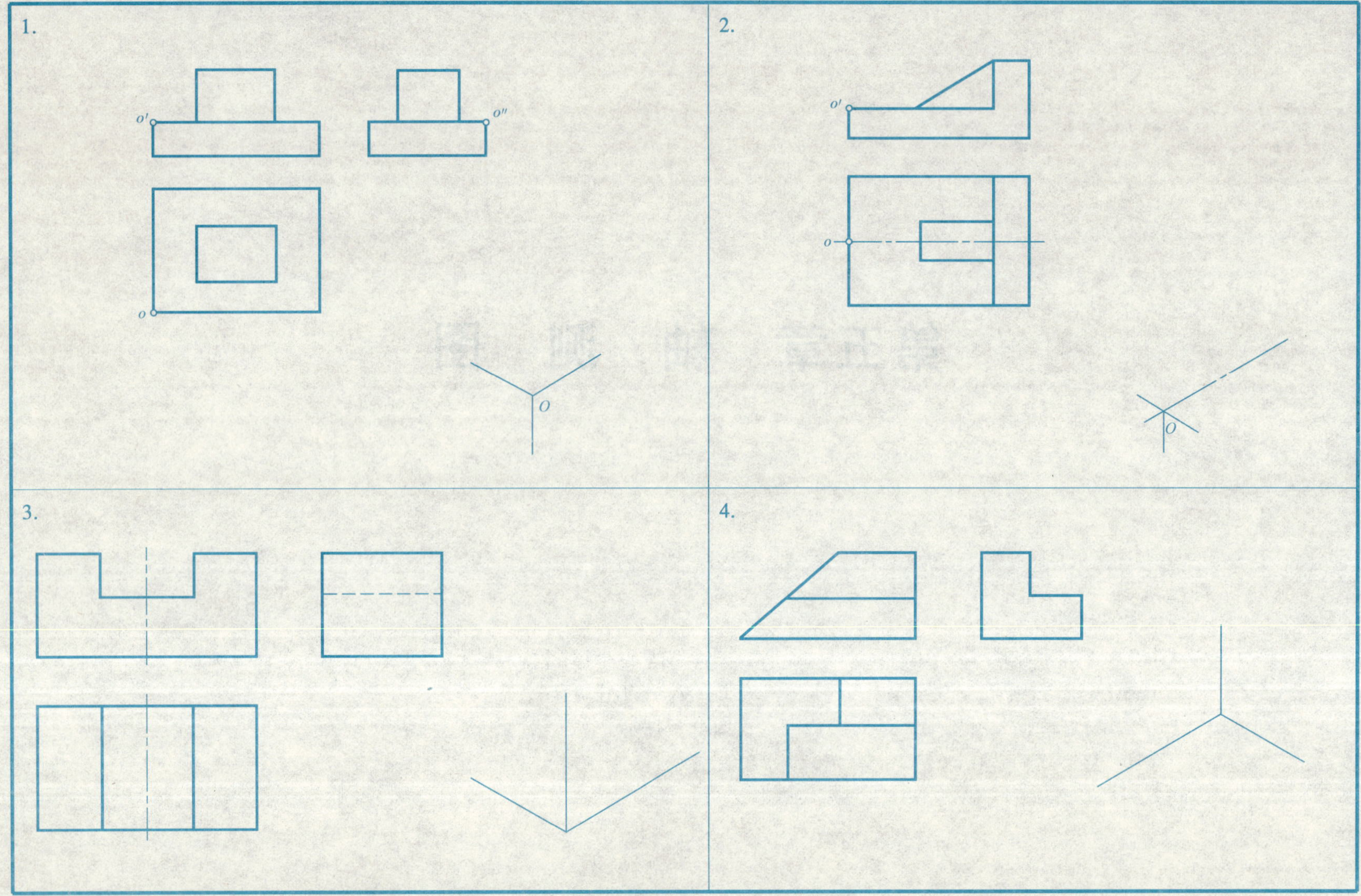

5-2 根据两视图想出形体，完成正等轴测图

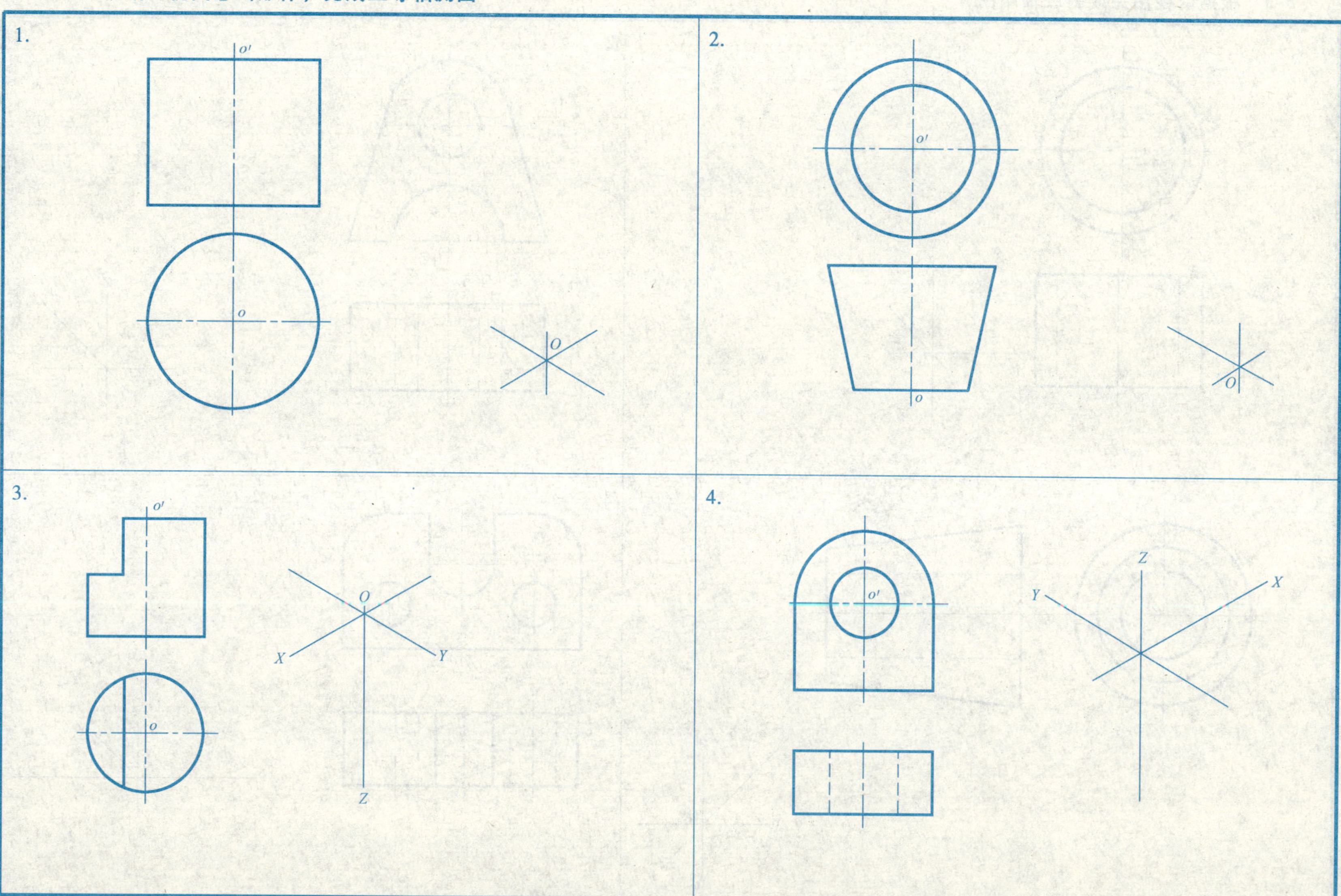

5-3 根据两视图完成斜二轴测图

5-4 根据视图，徒手完成轴测图

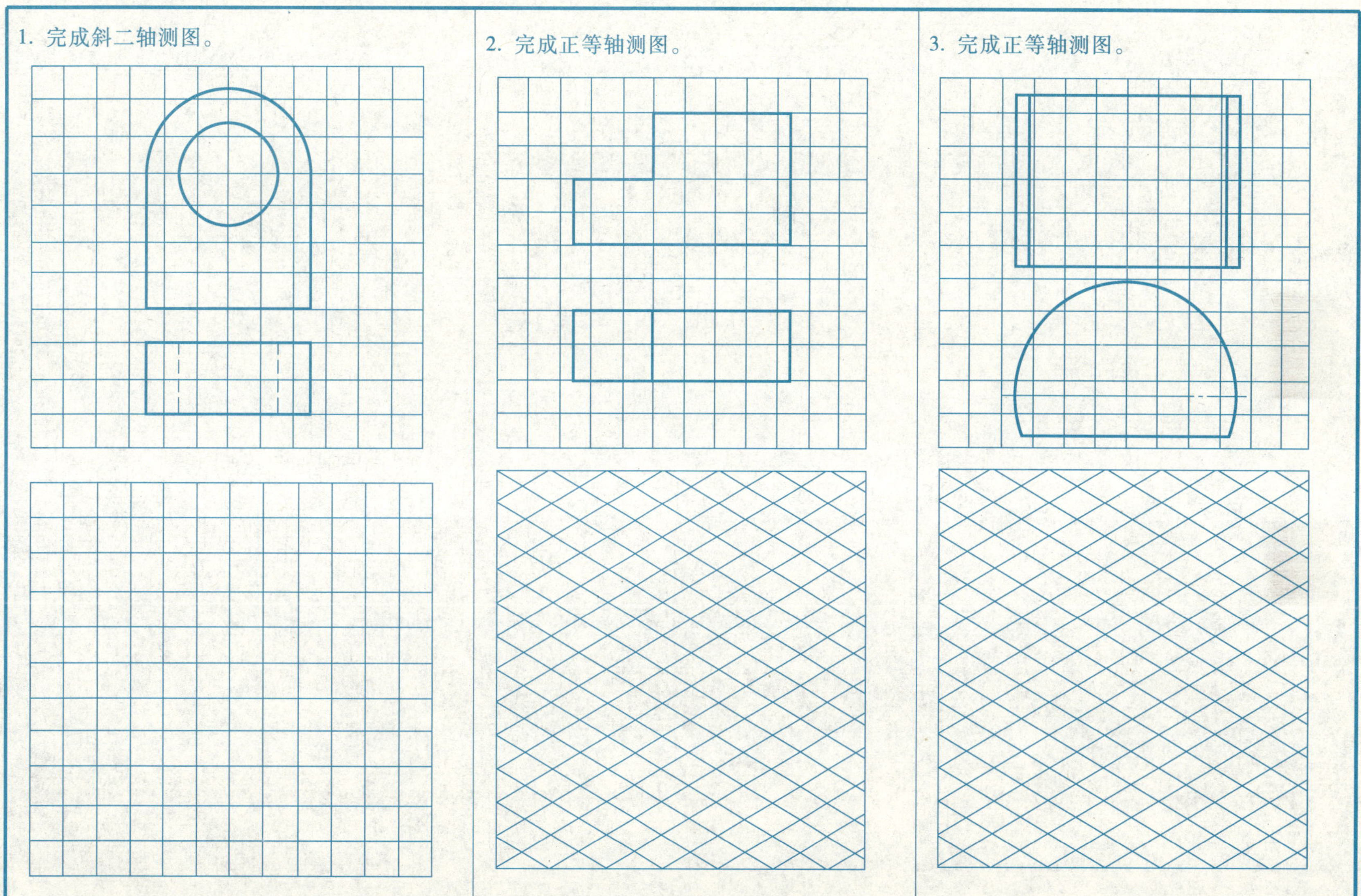

第六章　机件的基本表示法

6-1 按要求完成以下练习

1. 在括号内填写基本视图的名称。

2. 根据已给视图作出 B、C 向视图。

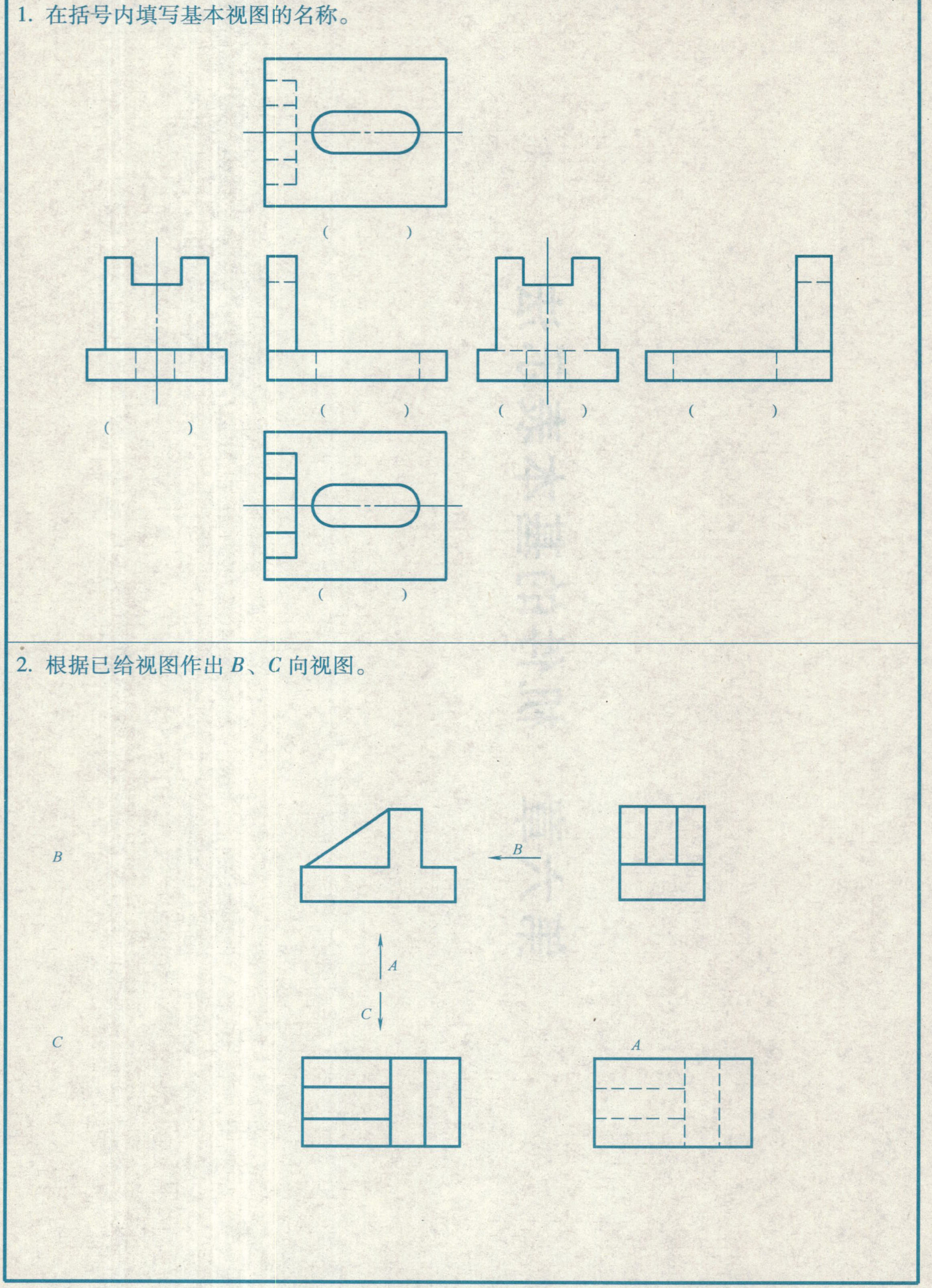

6-2 按要求完成以下练习

1. 选择正确的 *A* 向局部视图。

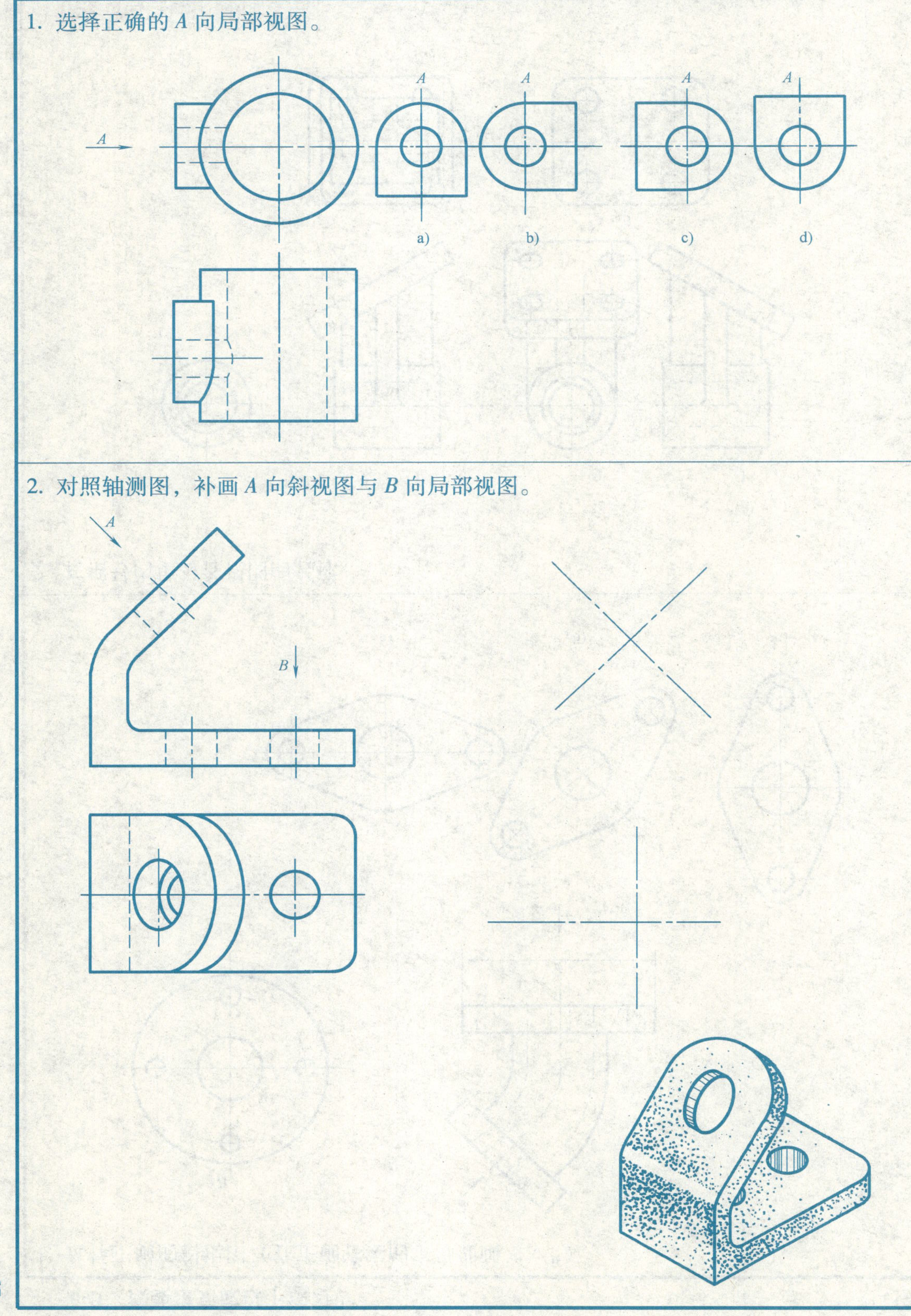

2. 对照轴测图，补画 *A* 向斜视图与 *B* 向局部视图。

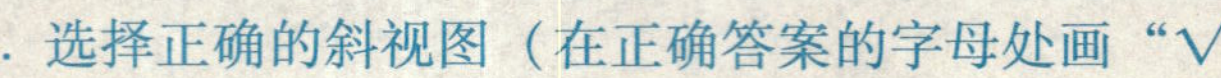

6-3 按要求完成以下练习

1. 选择正确的斜视图（在正确答案的字母处画“√”）。

2. 在括号内填写各视图的名称。

6-4 根据轴测图选择正确的全剖视图

1.

a) b) c) d)

2.

a) b)

c) d)

3.

a) b)

c) d)

6-5 补画全剖视图中的漏线

1.

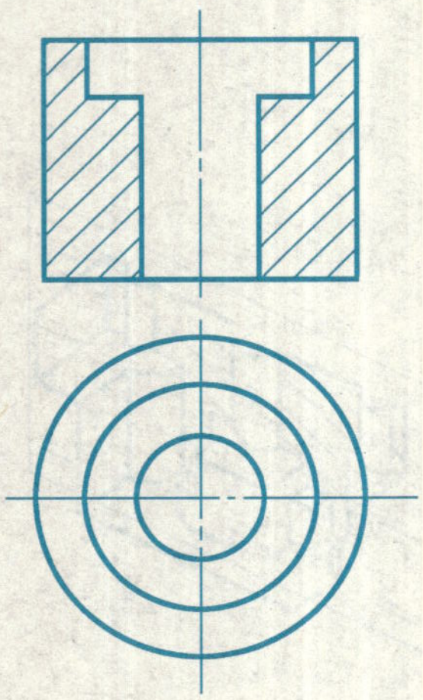

2.

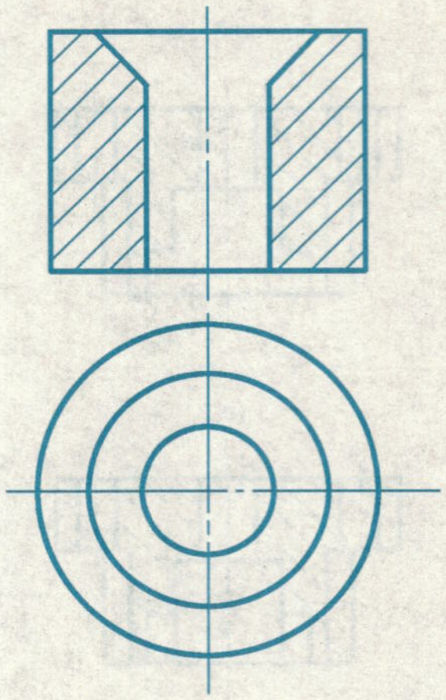

3.

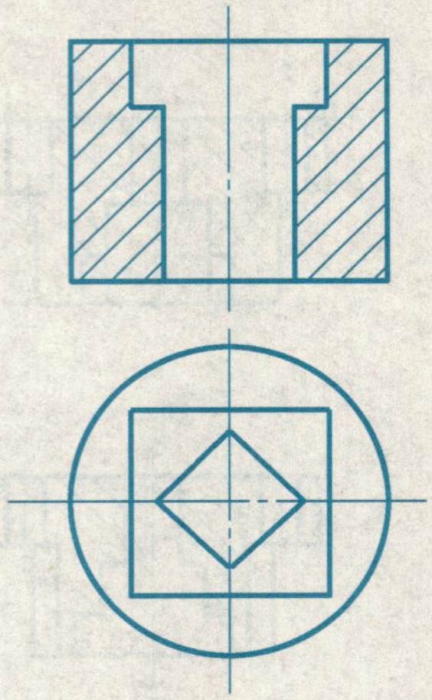

4.

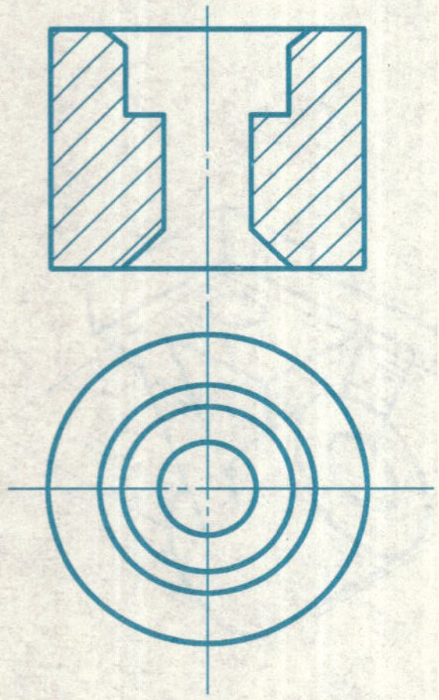

5.

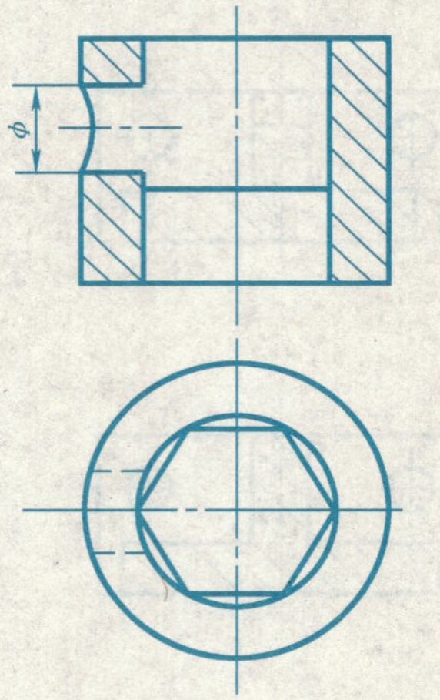

ϕ

6.

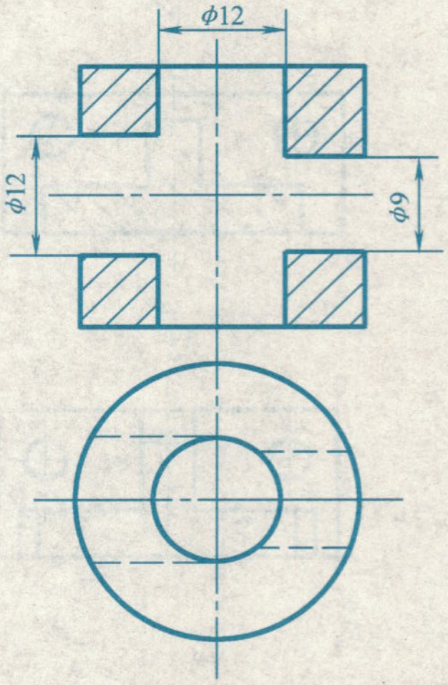

$\phi12$

$\phi12$

$\phi9$

7.

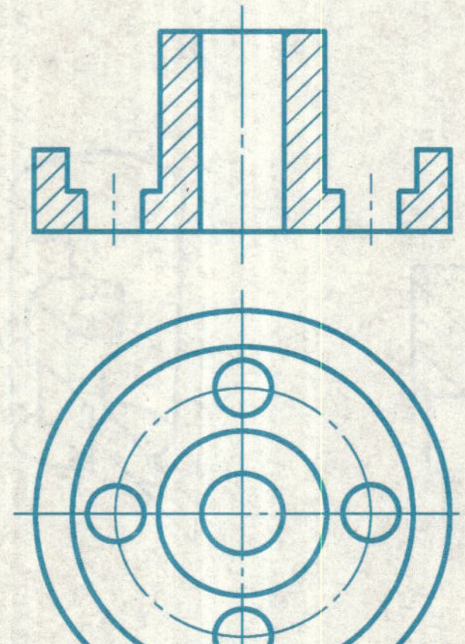

8.

6-6 将主视图改画成全剖视图

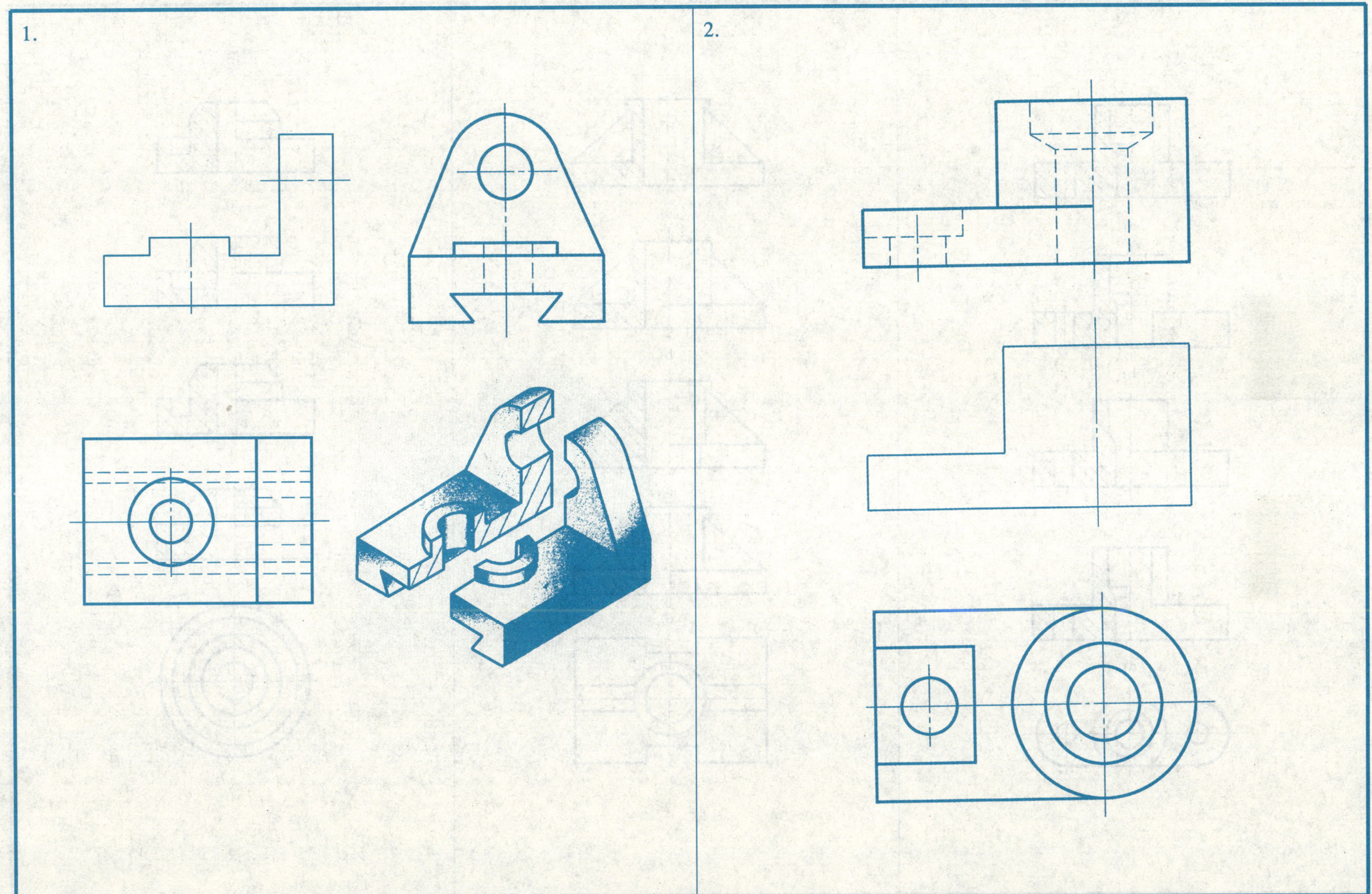

6-7 选择正确的主视图（在正确答案的字母处画“√”）

6-8 把主视图改画成半剖视图

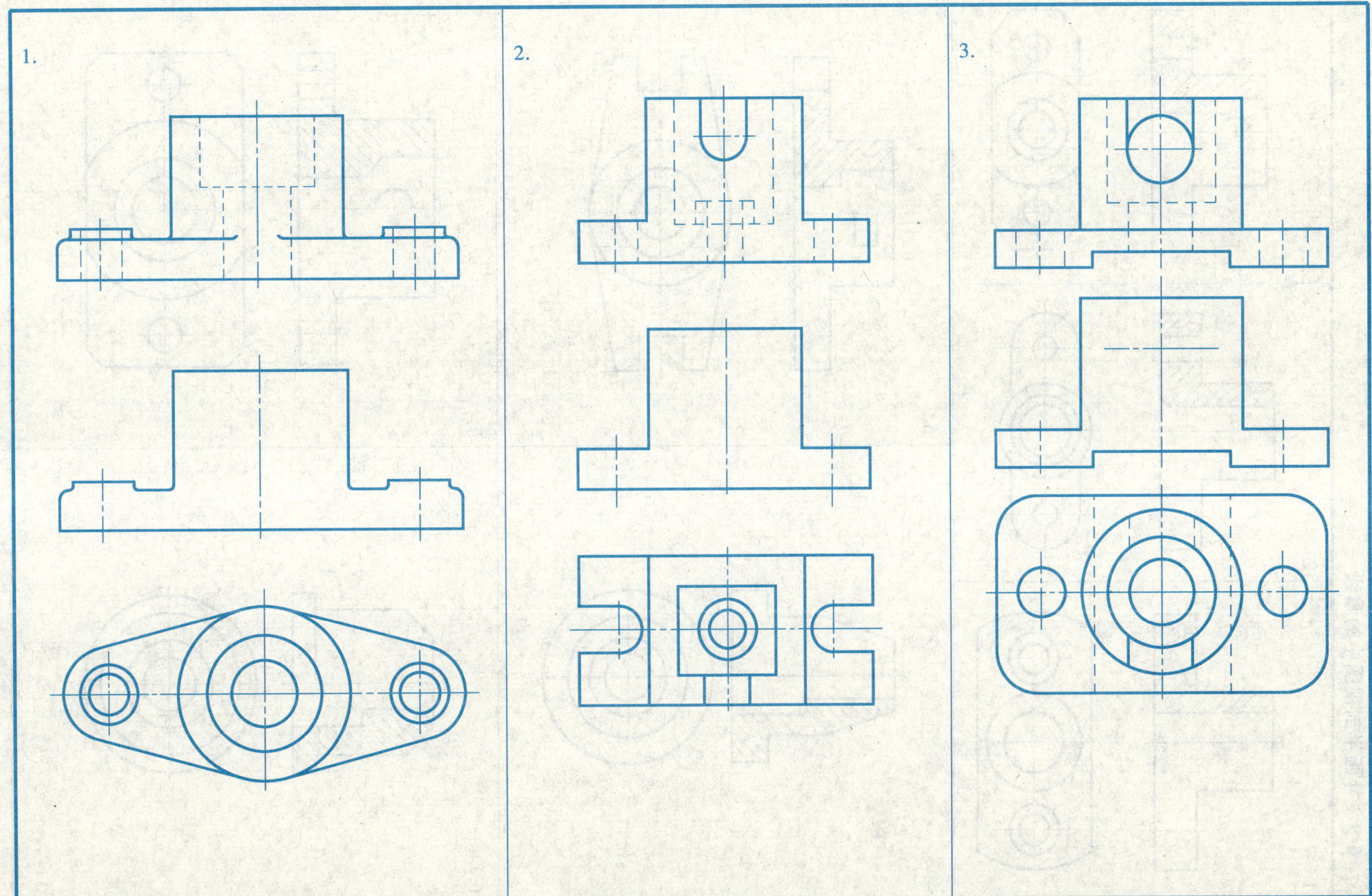

6-9 补画半剖视图中的漏线

1.

2.

3.

4.

5.

6.

7.

6-10 选择正确的局部剖视图

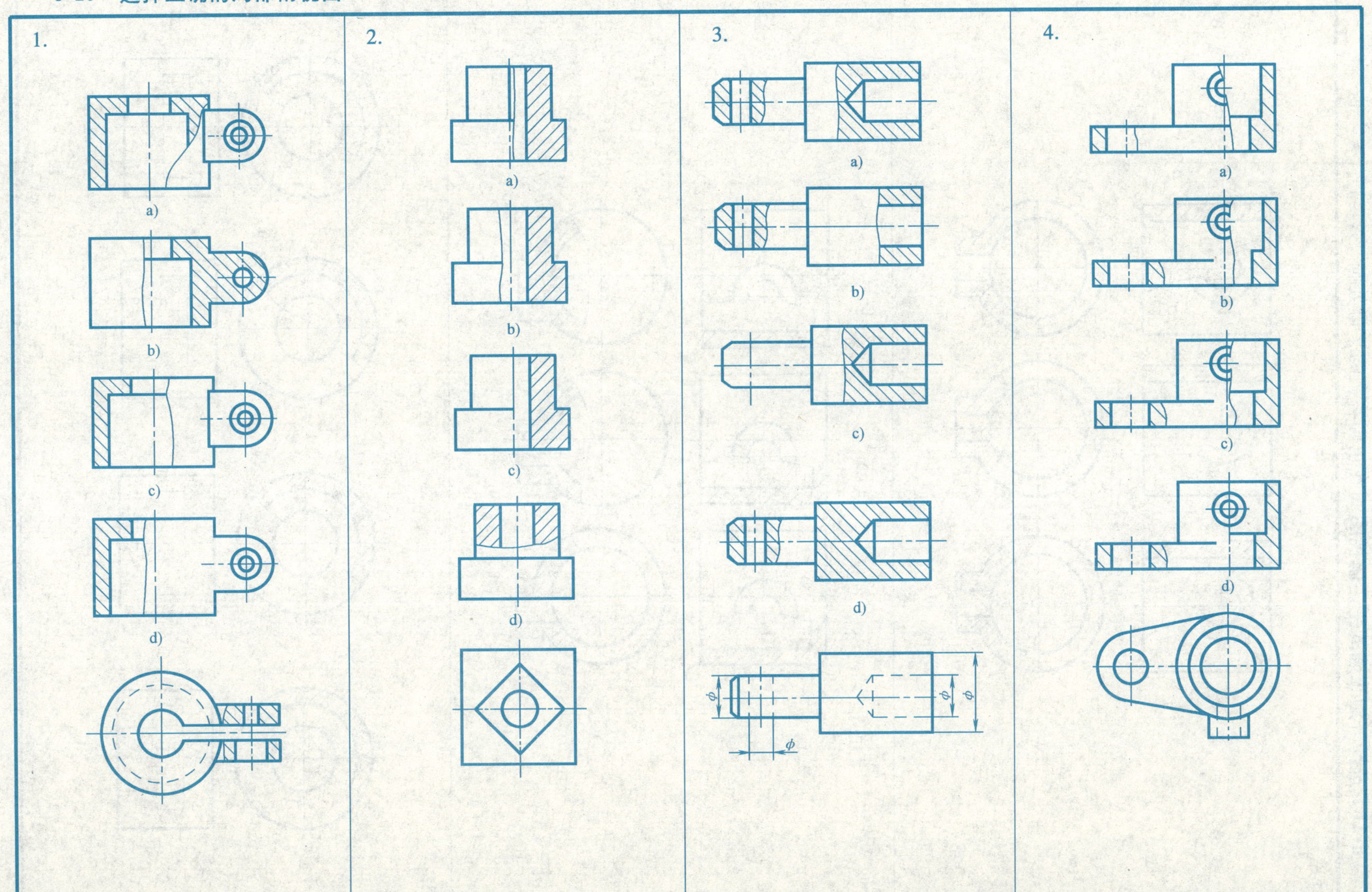

6-11 选择一组正确的主、俯视图（在正确答案的字母处画“√”）

1.

a) b) c)

2.

a) b) c)

3.

a) b) c) d)

6-12 根据要求完成练习

1. 补画局部剖视图中的漏线。

2. 补画局部剖视图中的漏线。

3. 根据波浪线的范围，结合左边图形，在右边图中完成主、俯视图的局部剖视图。

6-13 选择正确的单一剖切面剖切的全剖视图（在正确答案的字母处画"√"）

6-14 根据剖切面的位置，将主视图改画为全剖视图

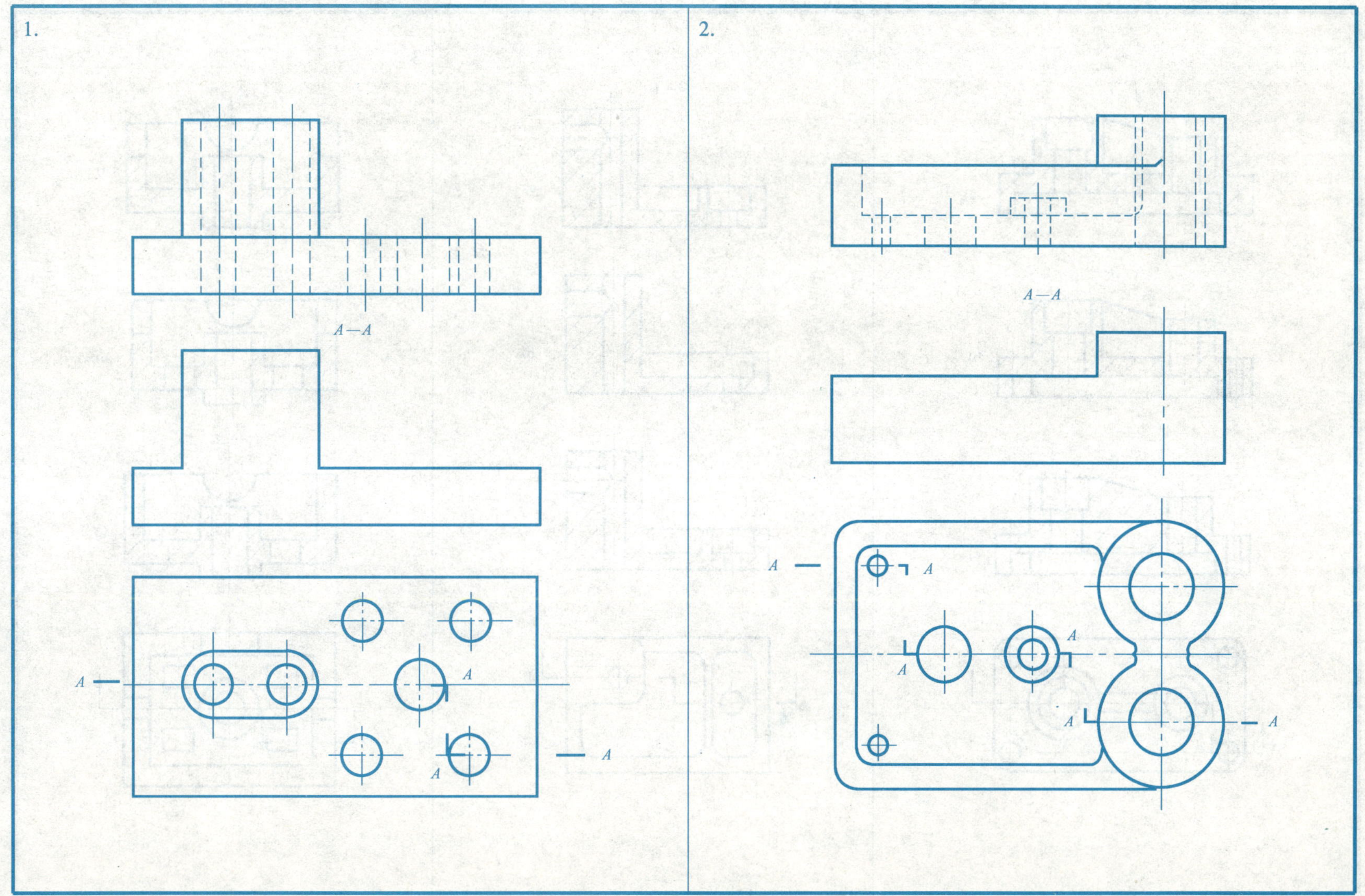

6-15　选择正确的主视图（在正确答案的字母处画"√"）

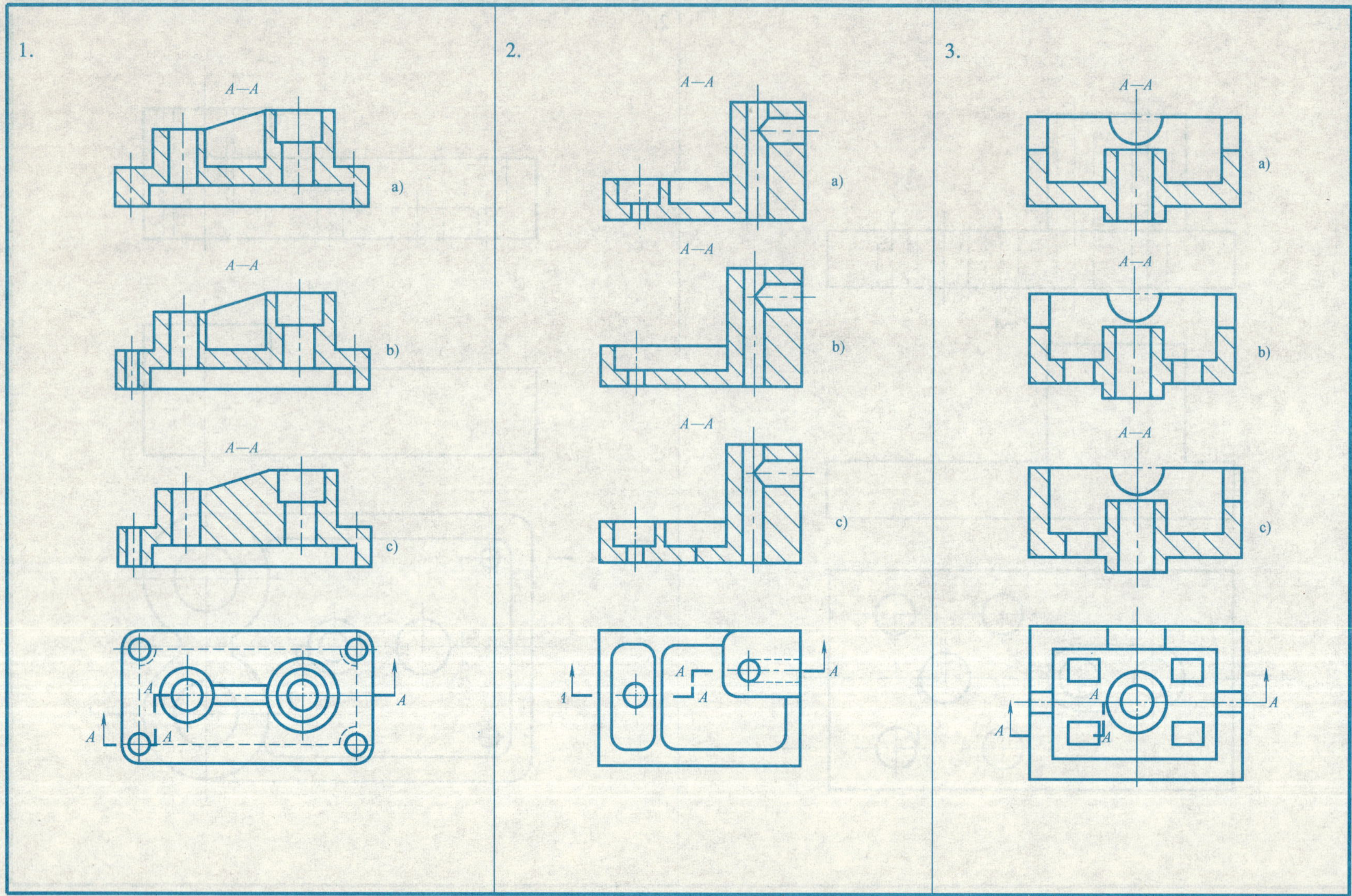

6-16　选择正确的主视图（在正确答案的字母处画"√"）

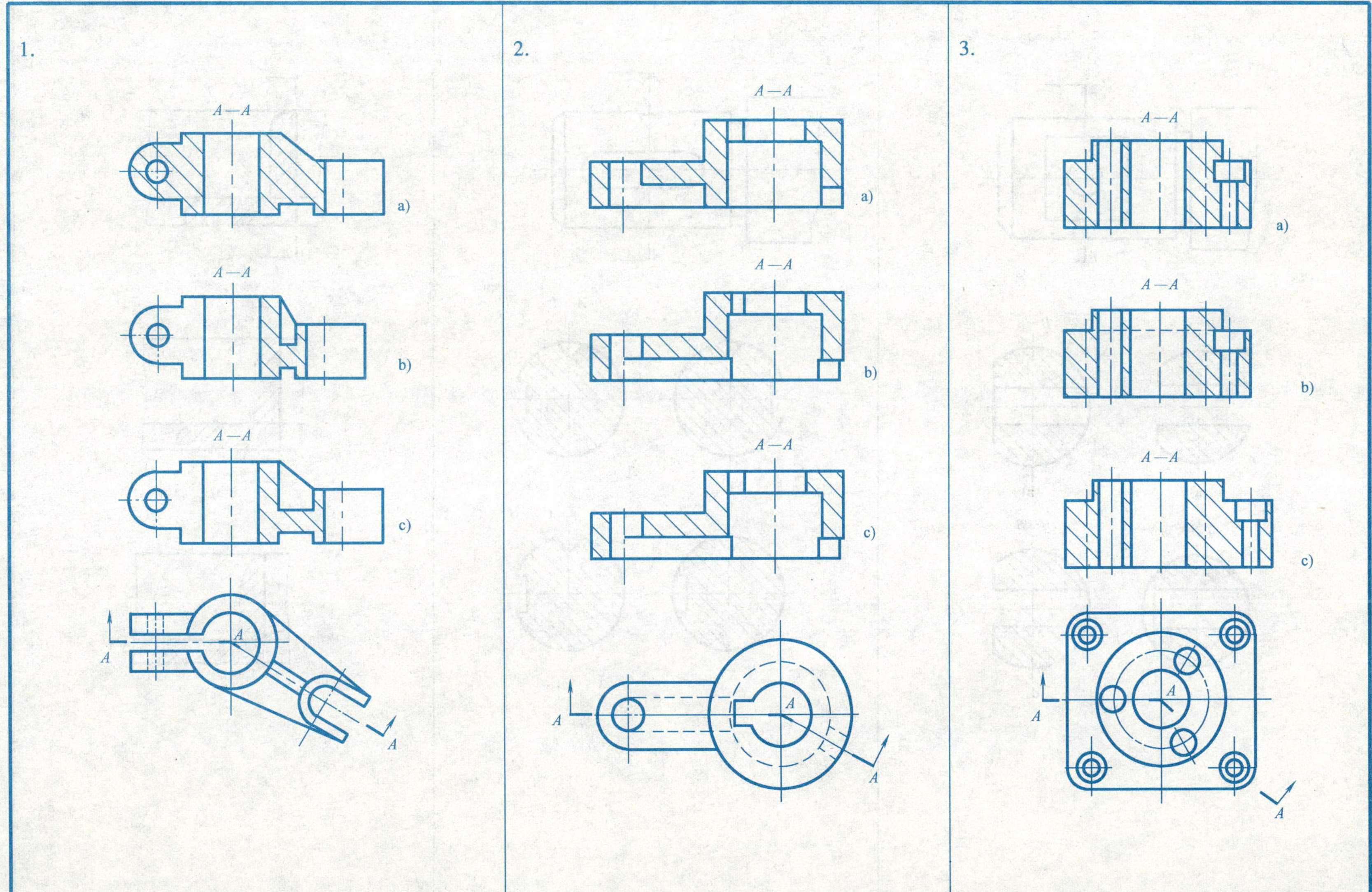

6-17 选择正确的断面图（在正确答案的字母处画“√”）

1.

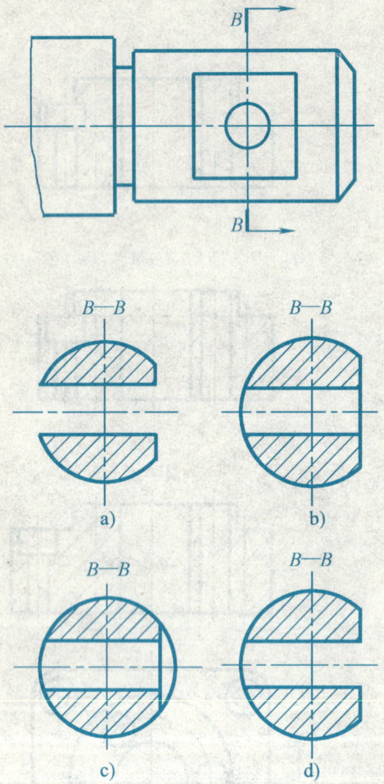

B

B

B—B

B—B

a)

b)

B—B

B—B

c)

d)

2.

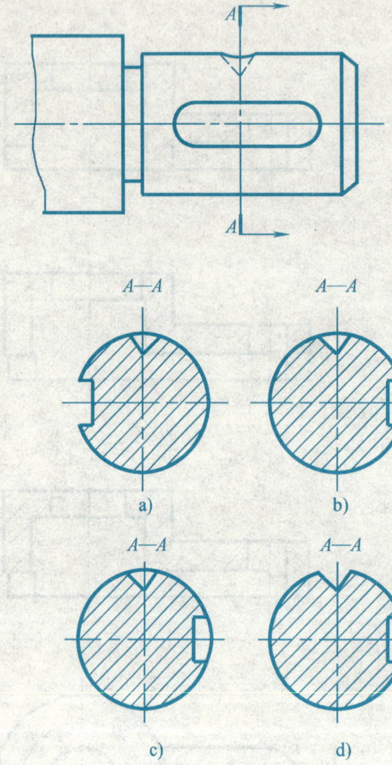

A

A

A—A

A—A

a)

b)

A—A

A—A

c)

d)

3.

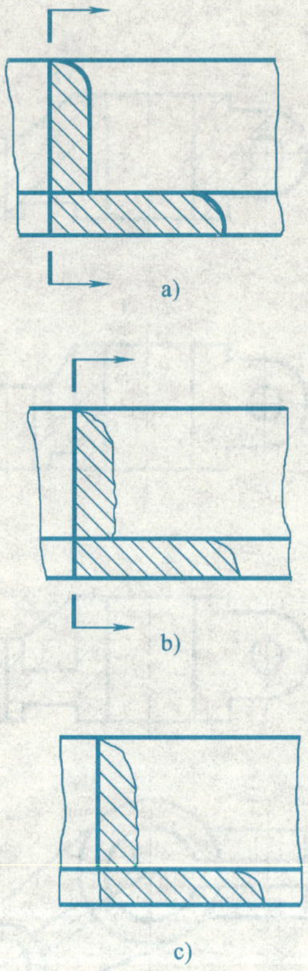

a)

b)

c)

6-18　在给定的位置作移出断面图，并作必要的标注

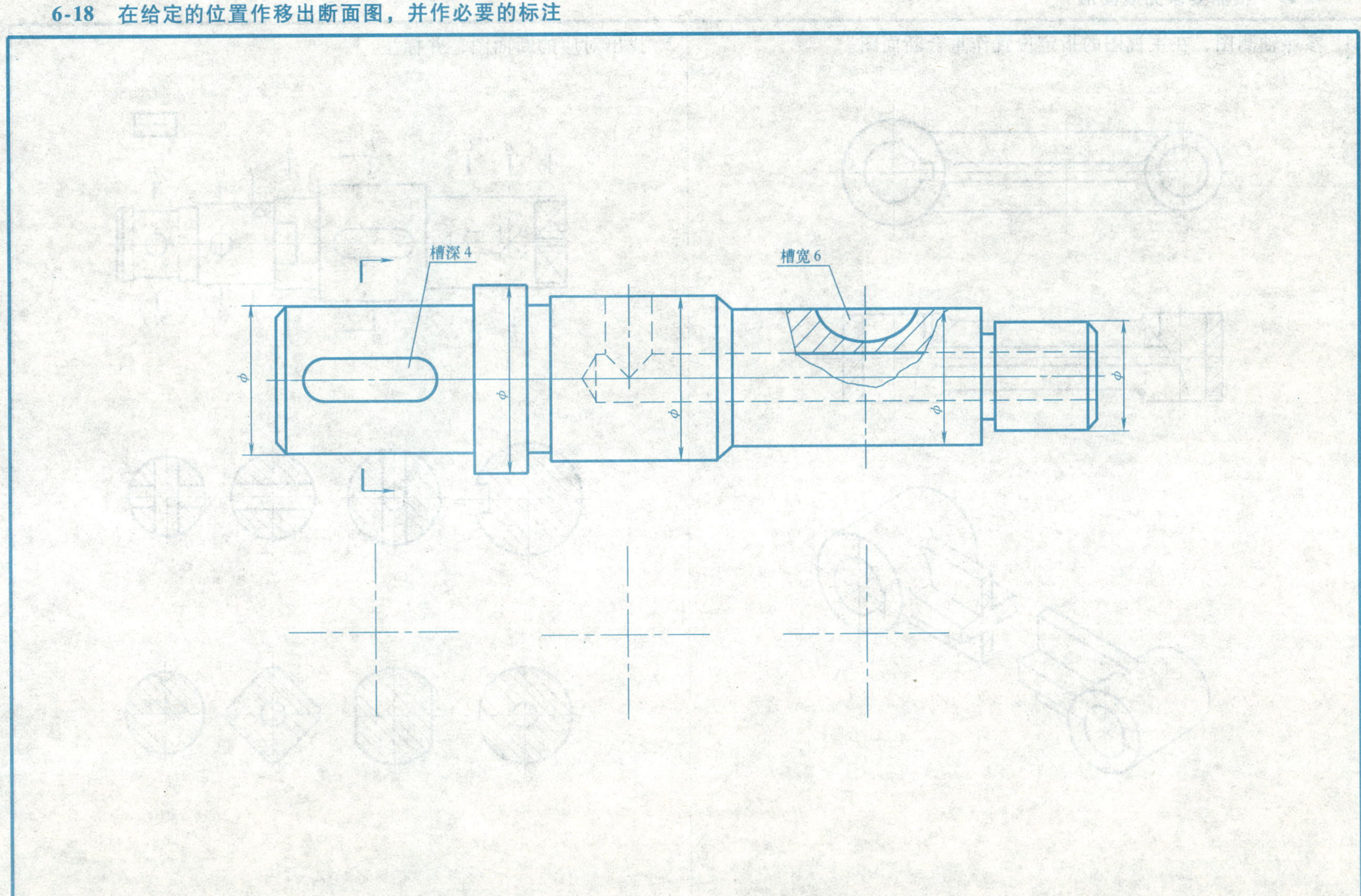

6-19 根据要求完成图形

1. 参照轴测图，在主视图的指定位置作重合断面图。

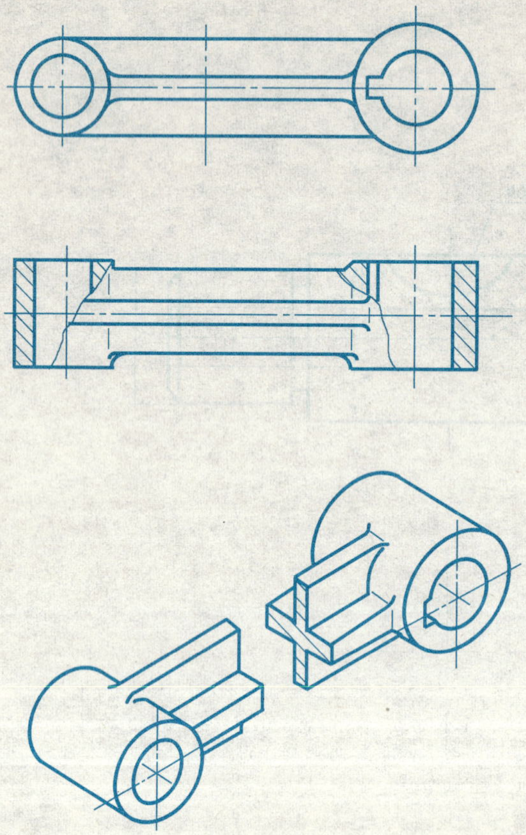

2. 找出对应的断面图，并标注。

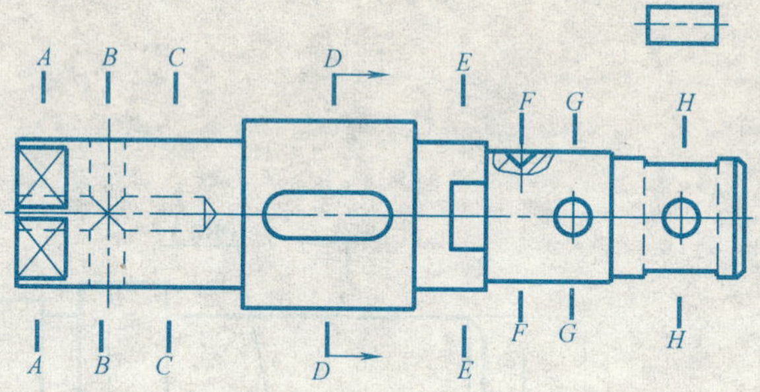

A B C D E F G H

A B C D E F G H

例 D−D

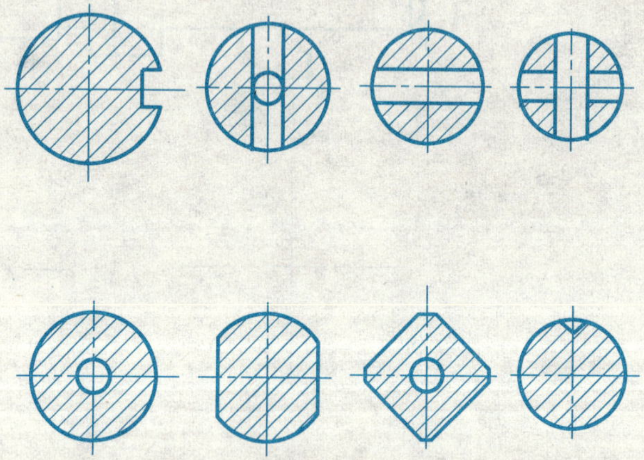

6-20 读懂各视图，做填空

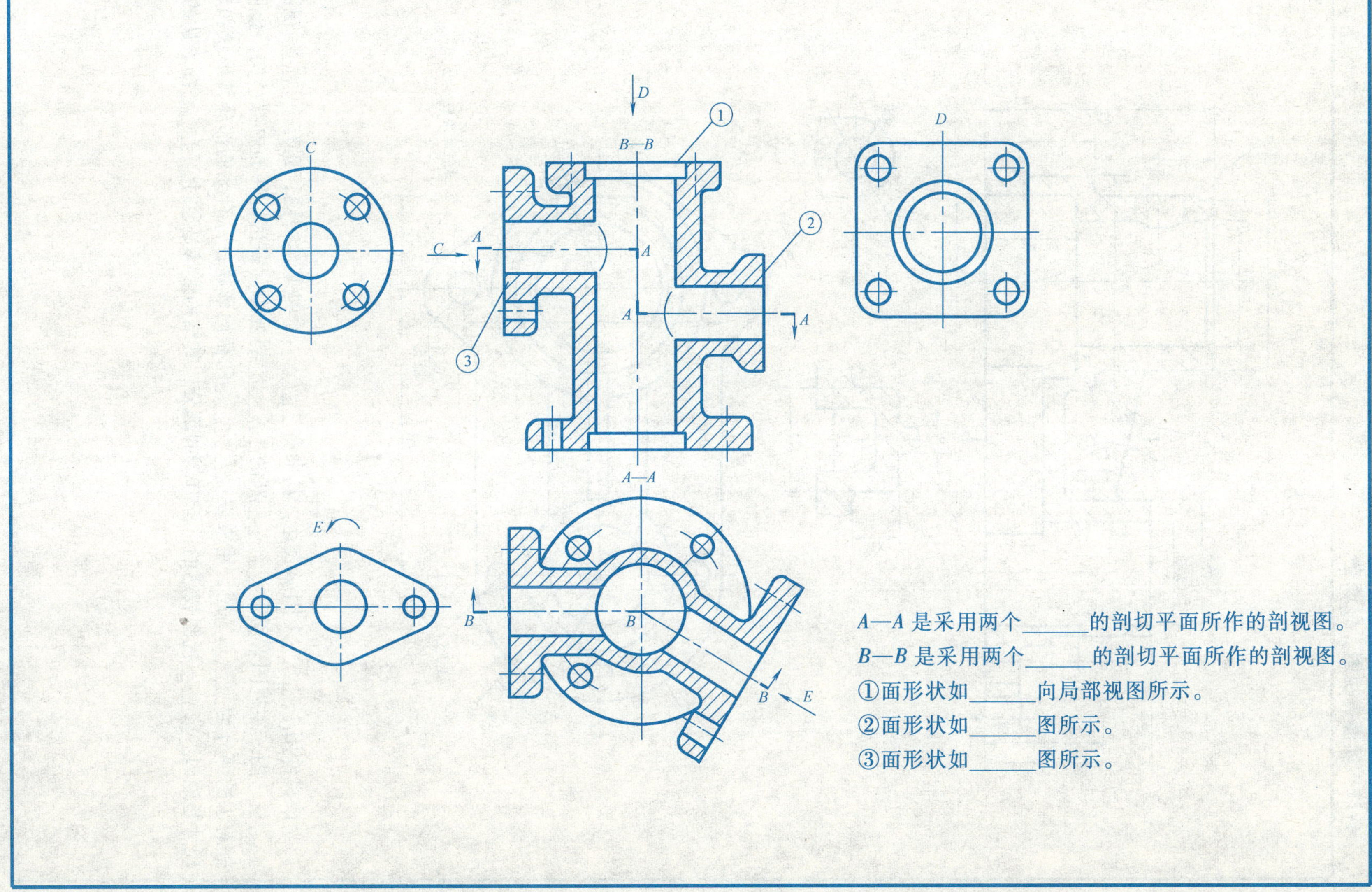

A—*A* 是采用两个______的剖切平面所作的剖视图。

B—*B* 是采用两个______的剖切平面所作的剖视图。

①面形状如______向局部视图所示。

②面形状如______图所示。

③面形状如______图所示。

6-21 读懂各视图，做填空

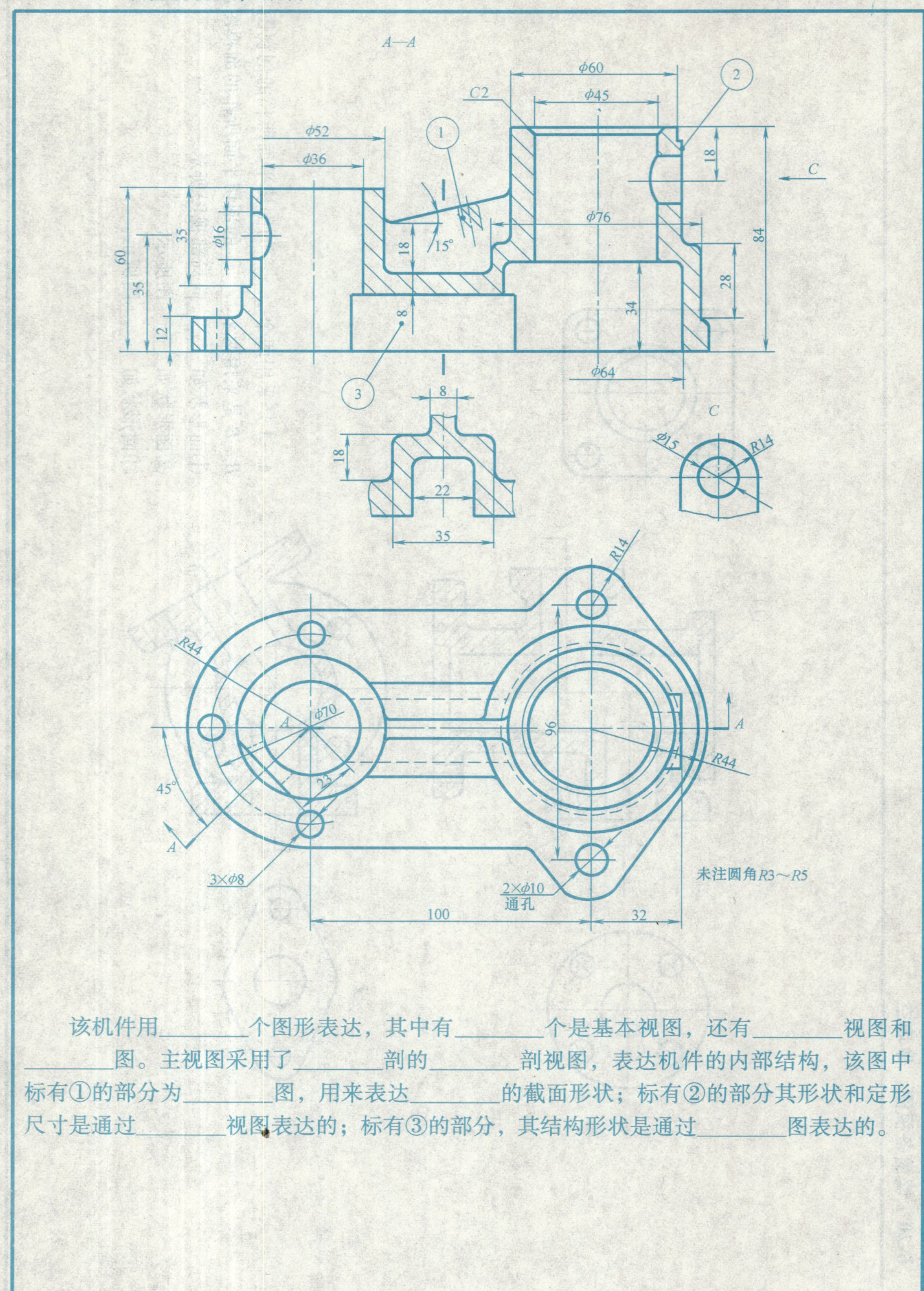

该机件用________个图形表达，其中有________个是基本视图，还有________视图和________图。主视图采用了________剖的________剖视图，表达机件的内部结构，该图中标有①的部分为________图，用来表达________的截面形状；标有②的部分其形状和定形尺寸是通过________视图表达的；标有③的部分，其结构形状是通过________图表达的。

第七章　标准件和常用件

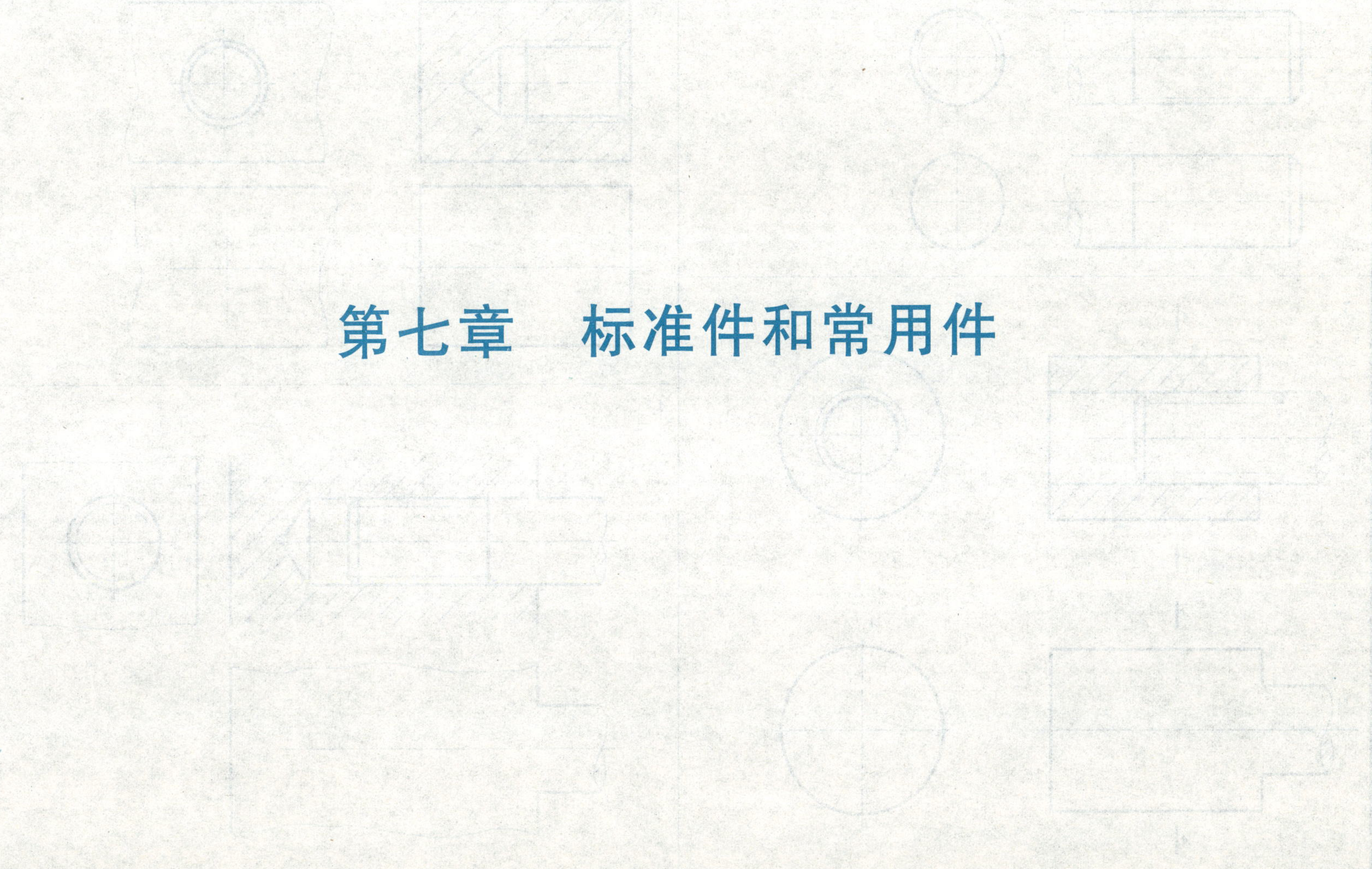

7-1　指出下列螺纹及螺纹联接件画法中的错误，在指定位置画出正确图形

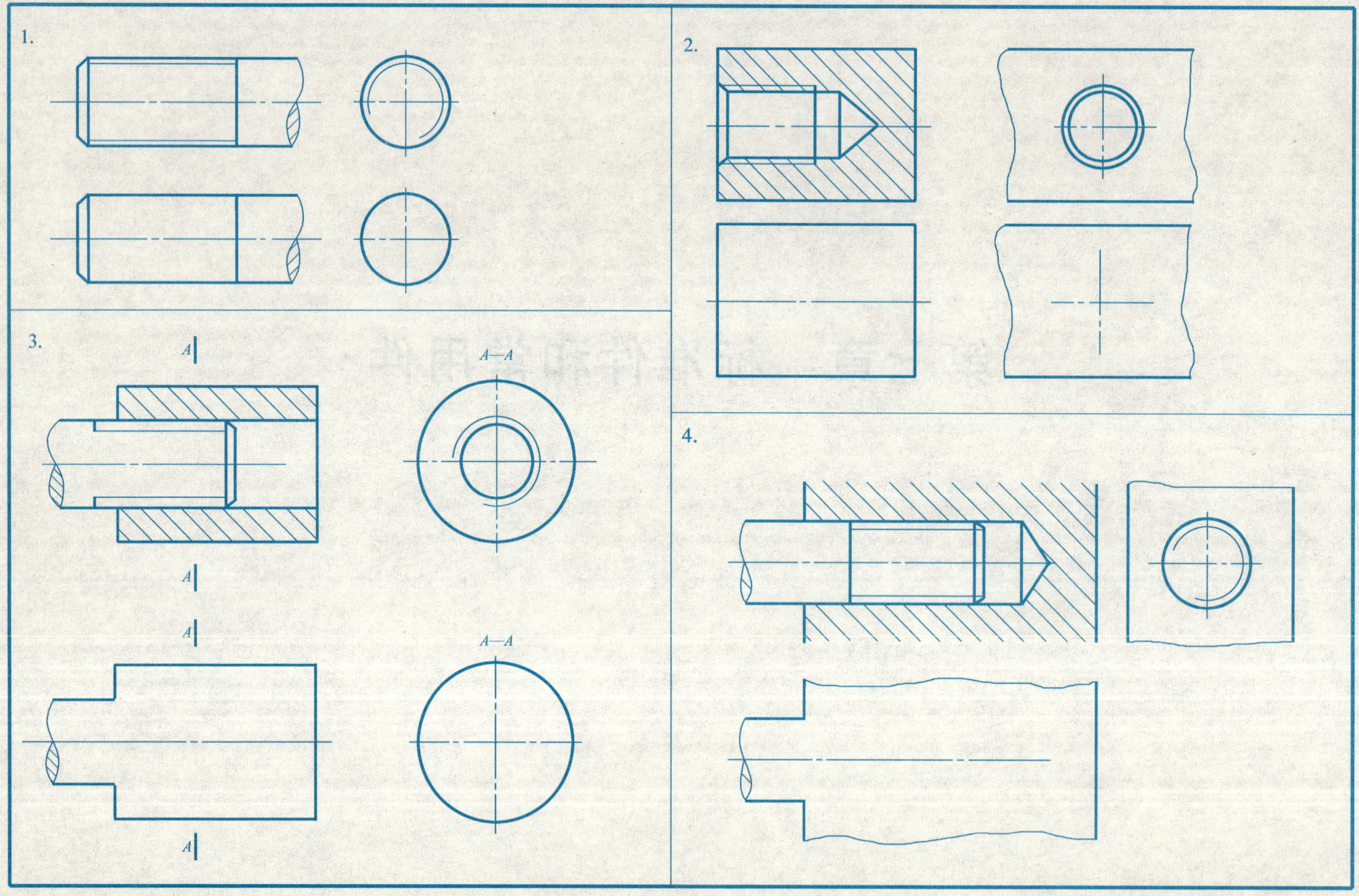

7-2　完成螺栓联接，补全所缺的图线

7-3　指出螺柱联接中的错误，在错误处打（×），并将正确的答案画在右边

7-4 识别螺纹标记并填表

螺纹标记	螺纹种类	公称直径/mm	螺距	导程	线数	旋向	中径公差带代号	顶径公差带代号	旋合长度代号	内外螺纹
M10-6H	普通粗牙螺纹	10	1.5		1	右	6H	6H	N	内螺纹
M10×1-5H-S-LH										
M20-6g										
M16×1.5-7g6g-L										
Tr32×12LH-8H-L										

螺纹标记	螺纹种类	尺寸代号	公差等级	内外螺纹	旋向	管子内径/mm	螺纹大径	螺纹小径
G1								
G1/8A-LH								

7-5　标注螺纹尺寸

1. 粗牙普通螺纹，大径 16mm、螺距 2、公差带代号 5g6g、旋合长度代号为 *S*。	2. 细牙普通螺纹，大径 12mm、螺距 1、公差带代号 7H、旋合长度代号为 *N*。
3. 梯形螺纹，公称直径 16mm、导程 8、线数 2、左转、公差带代号为 8e、旋合长度代号为 *L*。	4. 55°非密封的管螺纹，尺寸代号 1/2、A 级（公差等级）、右旋。

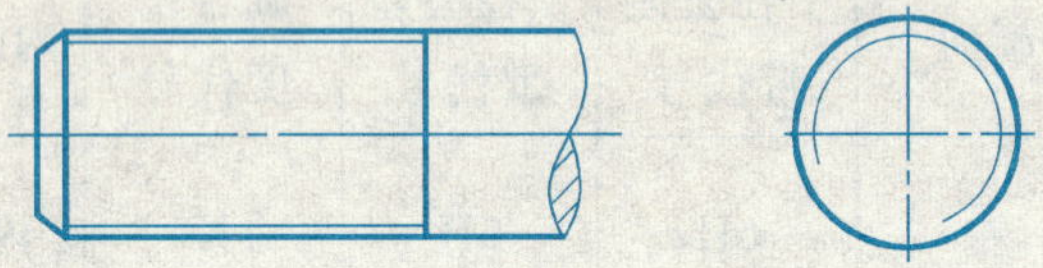

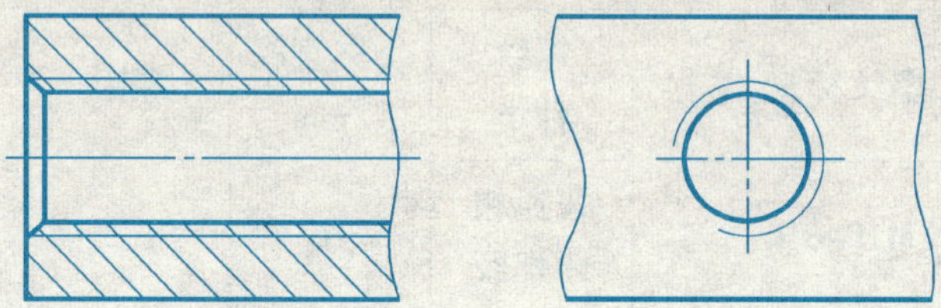

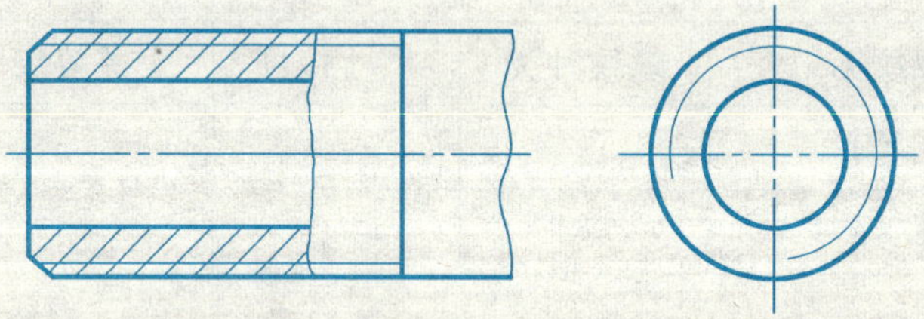

7-6 判断题

1. 试判断哪个图尺寸标注正确（画√）。

2. 试判断各图的正误（正确的画√，错误的画×）。

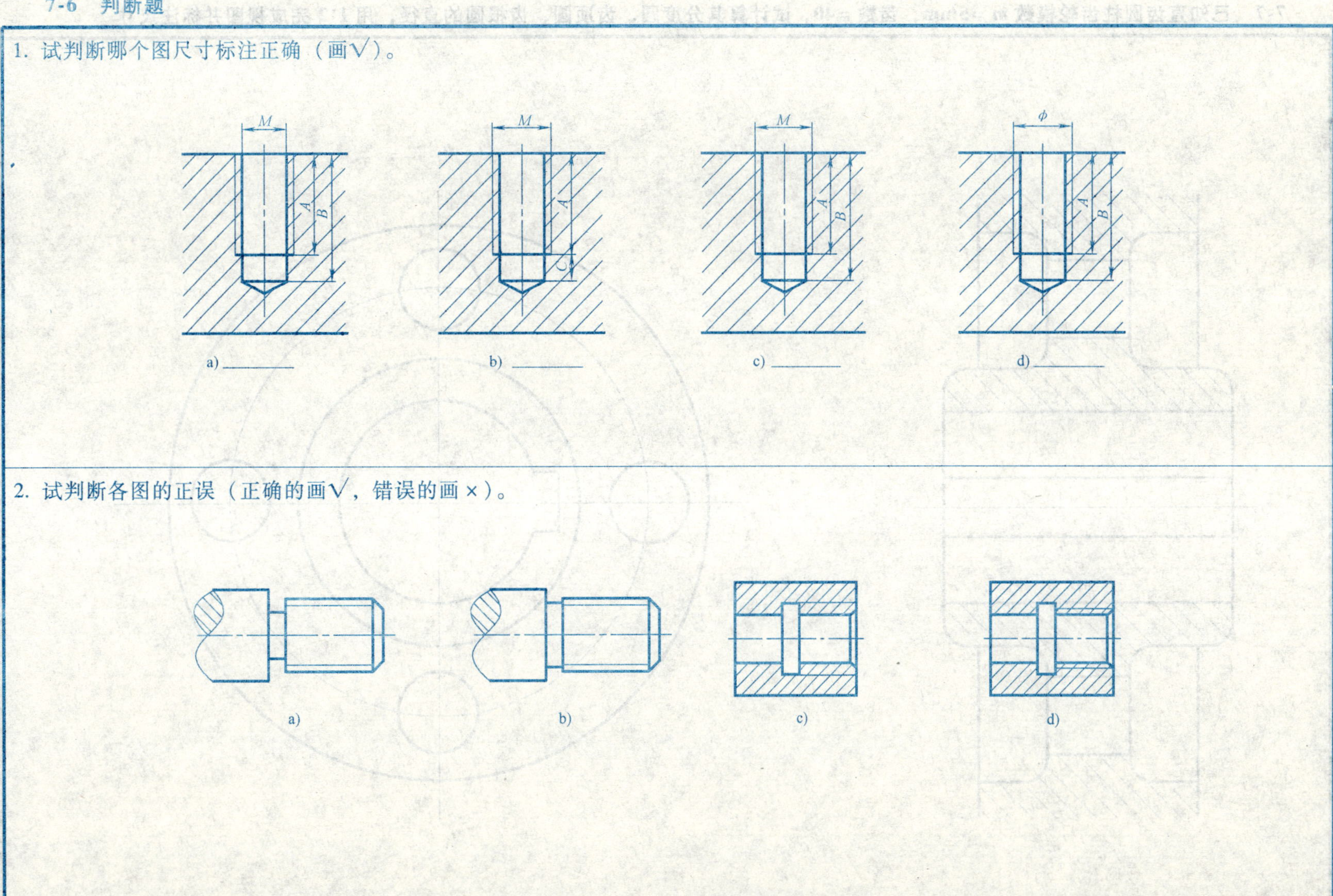

7-7　已知直齿圆柱齿轮模数 $m=5$mm，齿数 =40，试计算其分度圆、齿顶圆、齿根圆的直径，用 1∶2 完成视图并标注尺寸

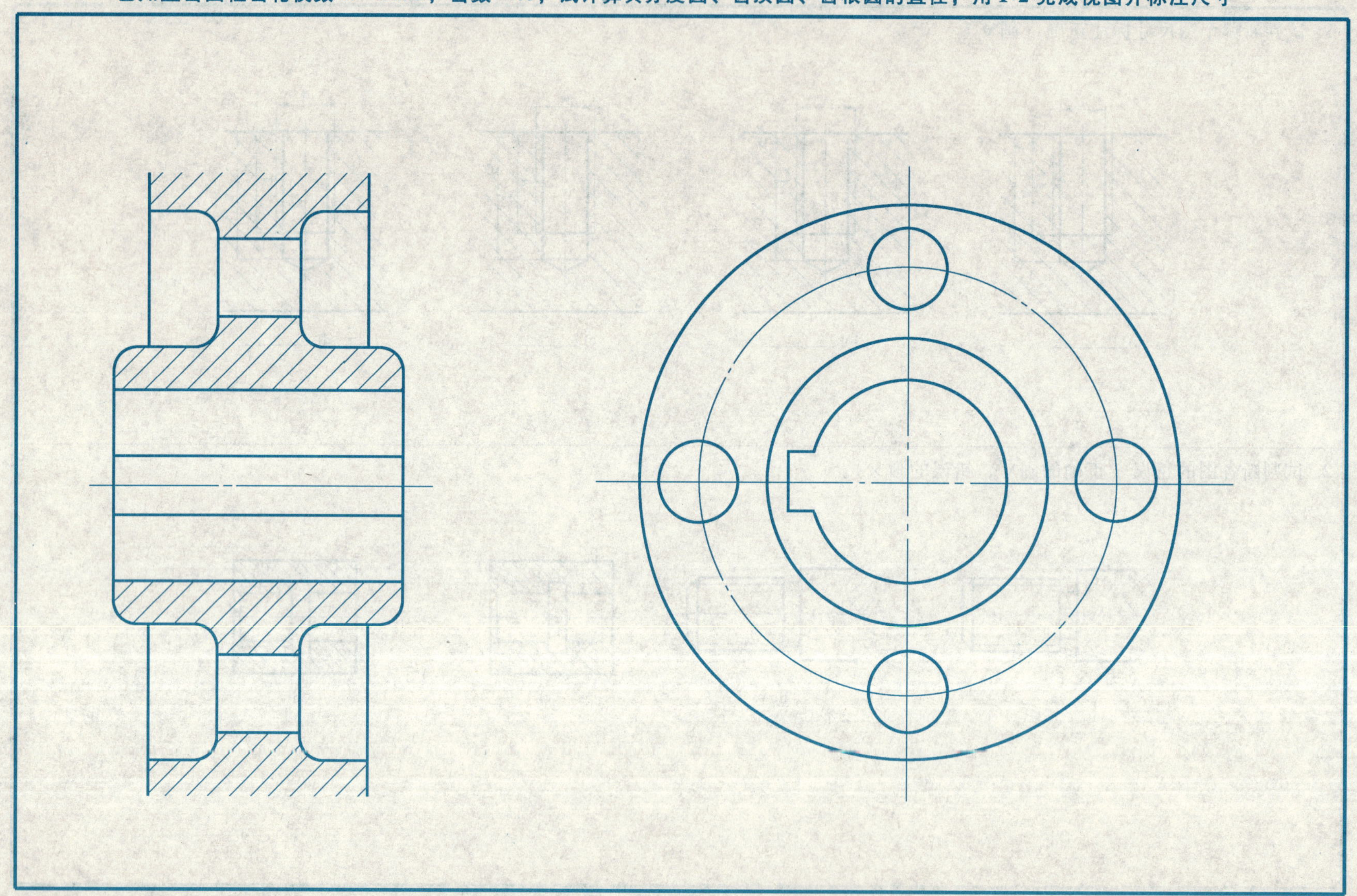

7-8 已知齿轮的模数 $m=3\text{mm}$，小齿轮齿数 $z_1=15$，两齿轮中心距 $a=67.5\text{mm}$，试计算大小两齿轮的主要尺寸，用按 1:1 完成下列所示的一对圆柱齿轮啮合图

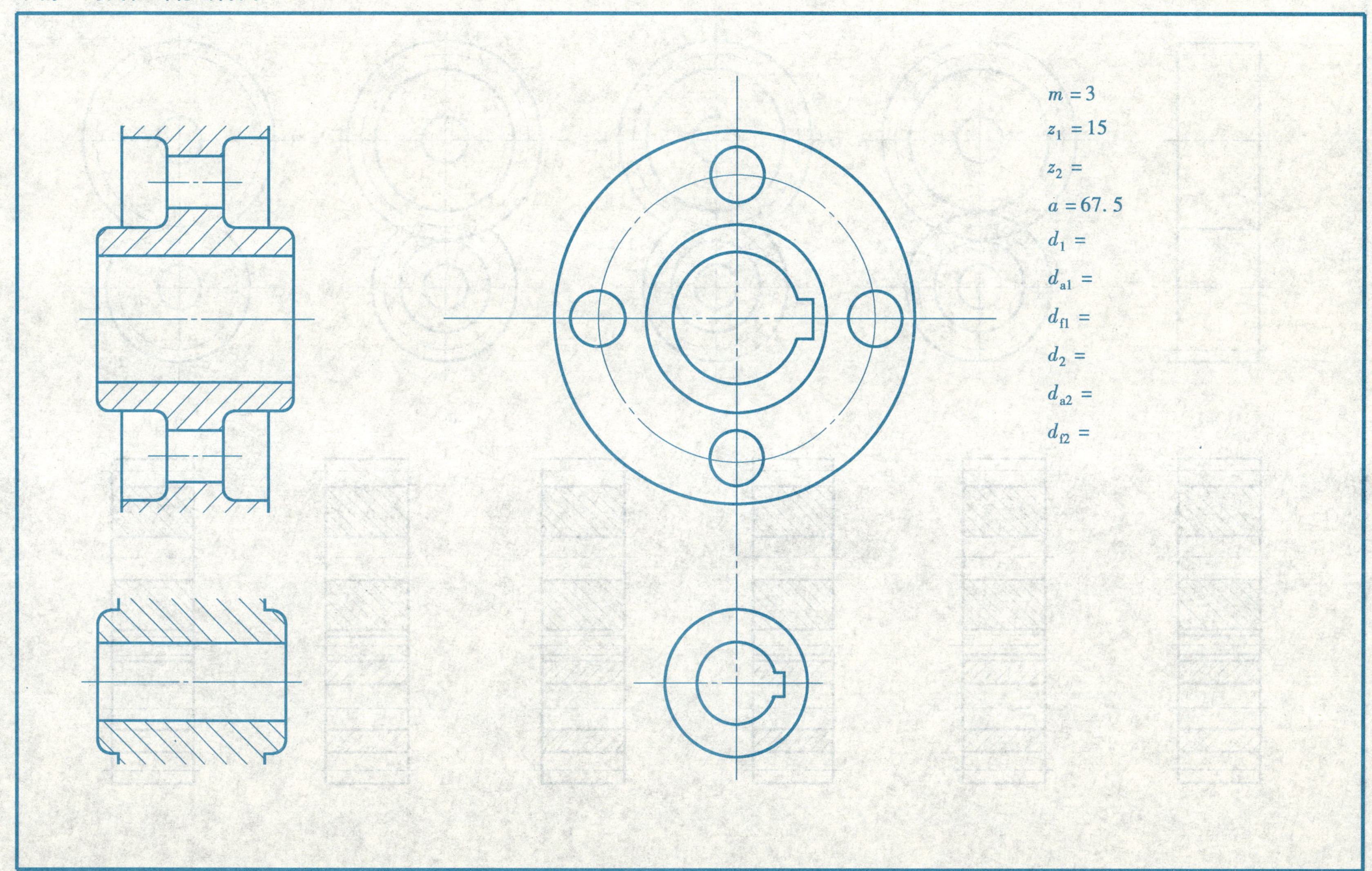

7-9 选择判断（在正确的图上画√）

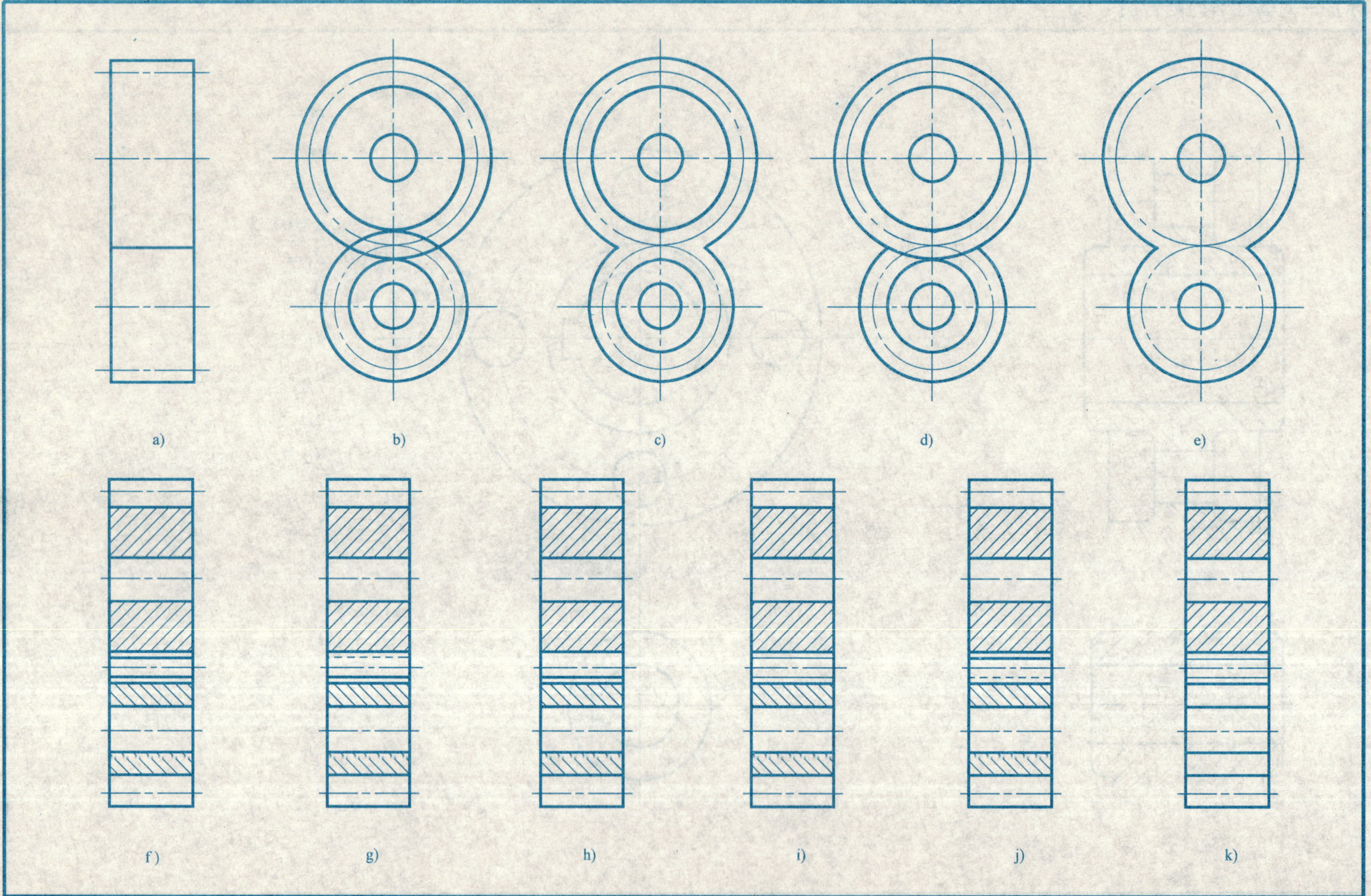

第八章　零　件　图

8-1　看懂零件的结构形状，分析其尺寸，并填空

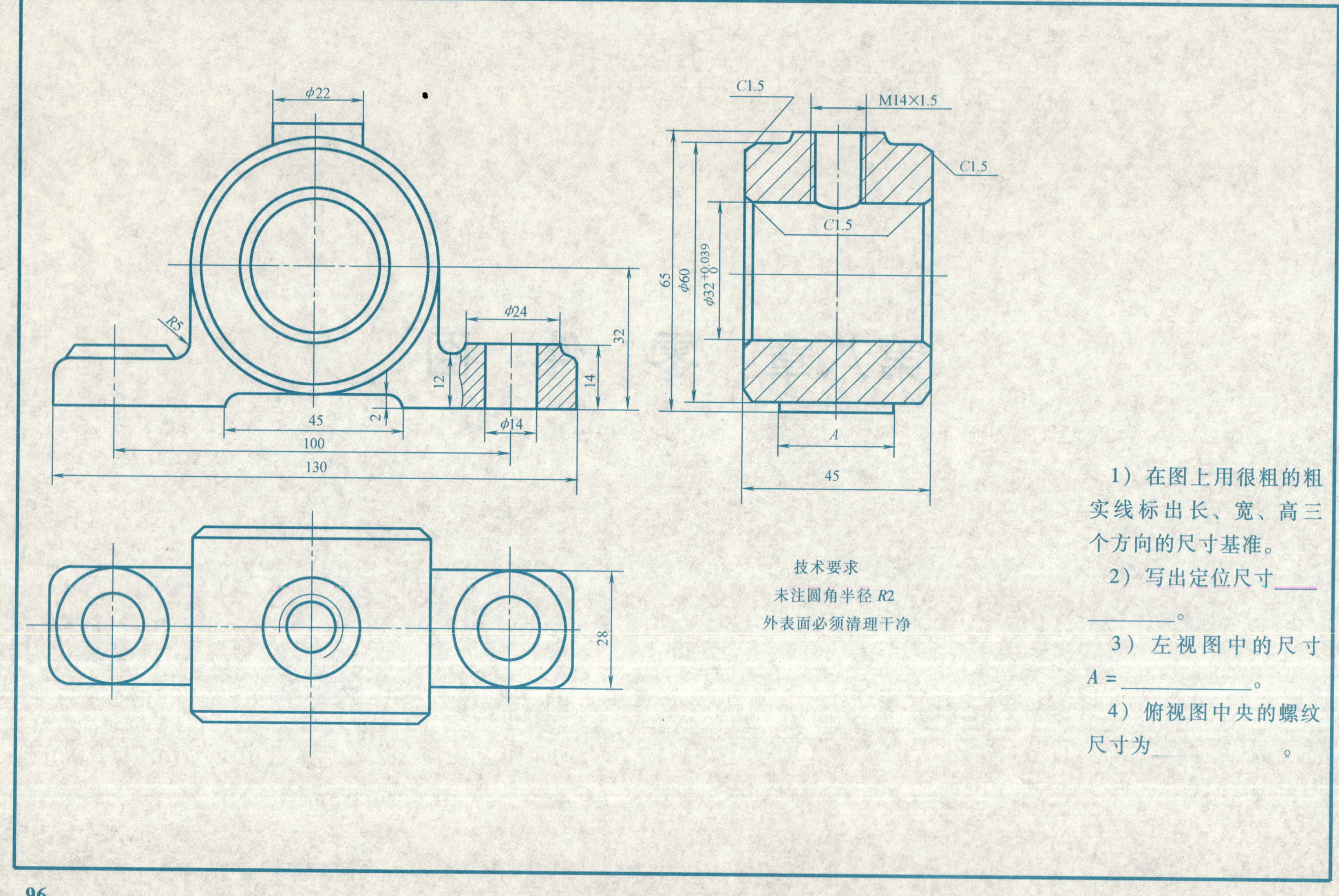

1）在图上用很粗的粗实线标出长、宽、高三个方向的尺寸基准。

2）写出定位尺寸_________________。

3）左视图中的尺寸 $A=$____________。

4）俯视图中央的螺纹尺寸为____________。

8-2 看懂图中零件表面粗糙度的要求，并填空

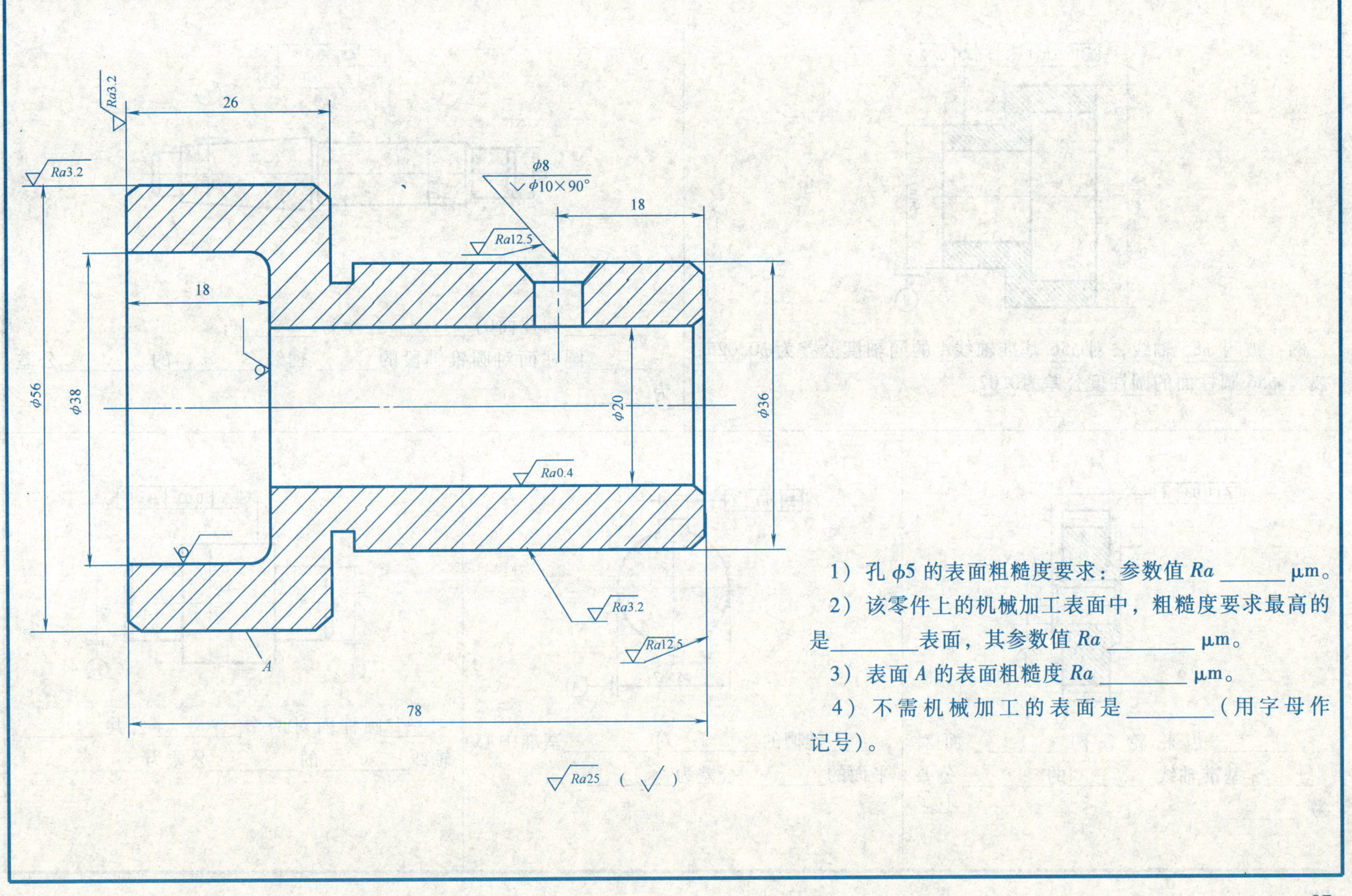

1）孔 $\phi5$ 的表面粗糙度要求：参数值 *Ra* ______ μm。

2）该零件上的机械加工表面中，粗糙度要求最高的是________表面，其参数值 *Ra* ________ μm。

3）表面 *A* 的表面粗糙度 *Ra* ________ μm。

4）不需机械加工的表面是________（用字母作记号）。

8-3 参照例题，解释图中形位公差的意义

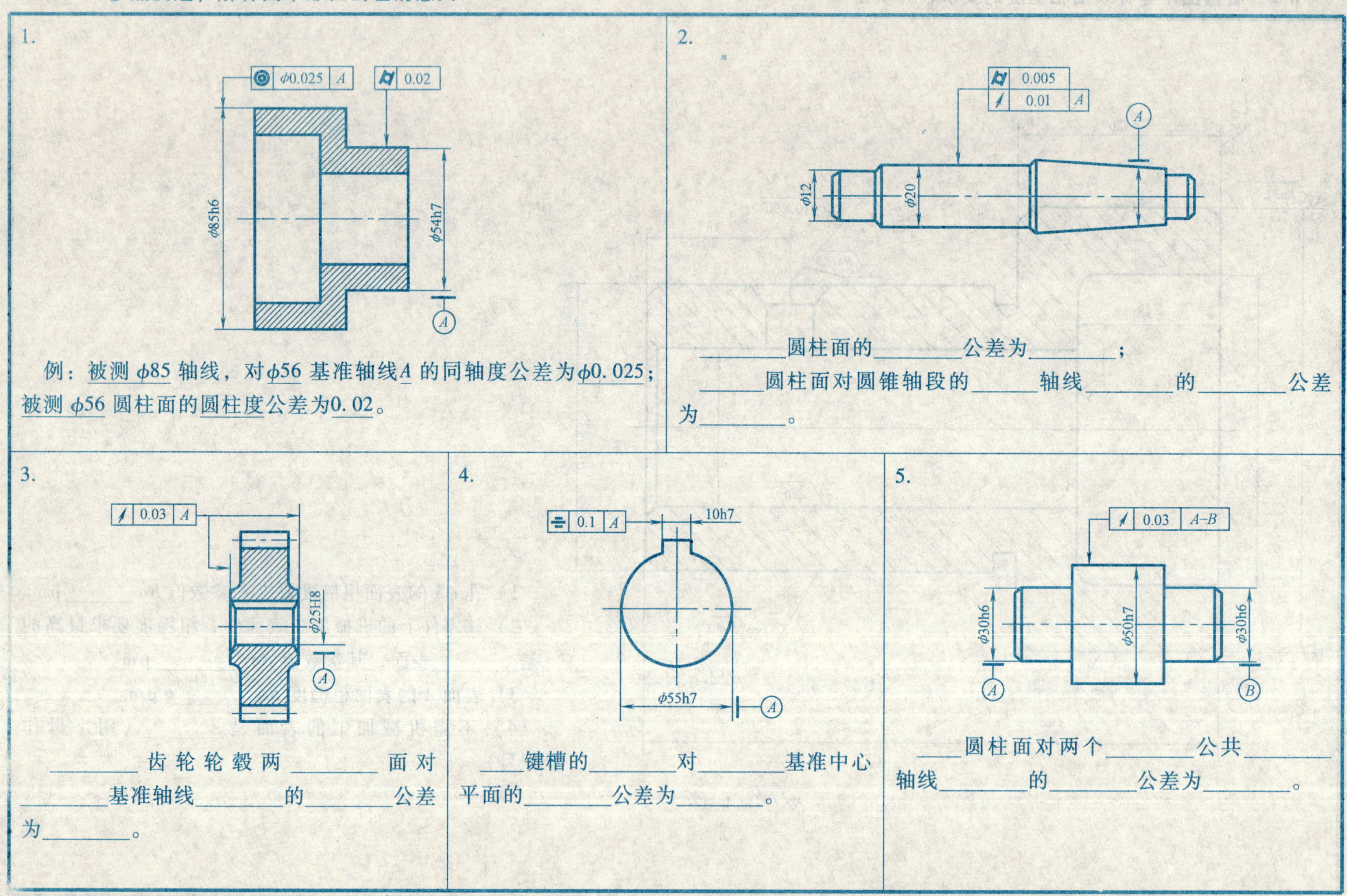

1. 例：被测 φ85 轴线，对φ56 基准轴线A 的同轴度公差为φ0.025；被测 φ56 圆柱面的圆柱度公差为0.02。

2. ______圆柱面的______公差为______；______圆柱面对圆锥轴段的______轴线______的______公差为______。

3. ______齿轮轮毂两______面对______基准轴线______的______公差为______。

4. ______键槽的______对______基准中心平面的______公差为______。

5. ______圆柱面对两个______公共______轴线______的______公差为______。

8-4 （1）读懂零件图，完成下列问题

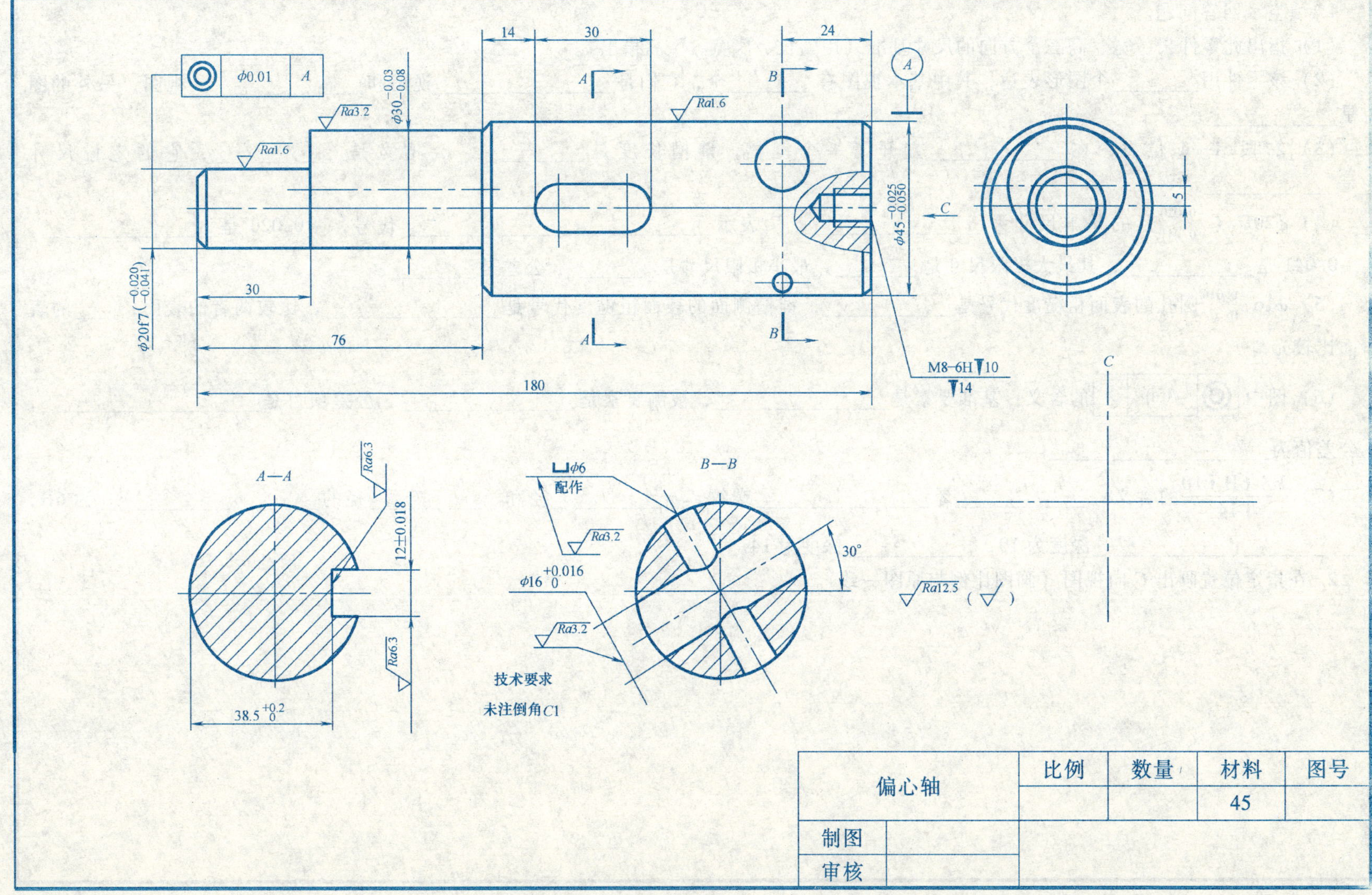

8-4 （2）读懂零件图，完成下列问题

1. 填空，回答问题。

（1）指出此零件长、宽、高三个方向的尺寸基准（用↖长、↖宽、↖高指出）。

（2）该零件用________个图形表达，其中基本视图有________个，它们是________________视图和________________视图，另外的图是____________。

（3）右段 *A—A* 位置，在____________方开了一个键槽，键槽长度是____________，槽宽是____________，它的定位尺寸是____________。

（4）$\phi 20f7\left(\begin{smallmatrix}-0.020\\-0.041\end{smallmatrix}\right)$ 的基本尺寸为________________，f7 表示______________________________代号，-0.020 是________________，-0.041 是____________，其最大极限尺寸是________，最小极限尺寸是________，公差是________。

（5）$\phi 16^{+0.016}_{0}$ 圆孔的表面粗糙度代号是____________，键槽侧面的表面粗糙度代号是________________，比较两者的表面，____的表面比较光滑。

（6）图中 | ◎ | ϕ0.01 | *A* | 的含义：基准要素是________________，被测要素是________________，公差项目是____________________，公差值为____________________。

（7）$\dfrac{\text{M8-6H}\ \overline{\vee}\ 10}{\overline{\vee}\ 14}$ 的含义：____________牙________________螺纹、____________径和____________径的____________________为 6H，________________________深度为 10，____________深度为 14。

2. 在指定位置画出 *C* 向视图（画图比例与原图一致）。

8-5 （1）读懂零件图，完成下列问题

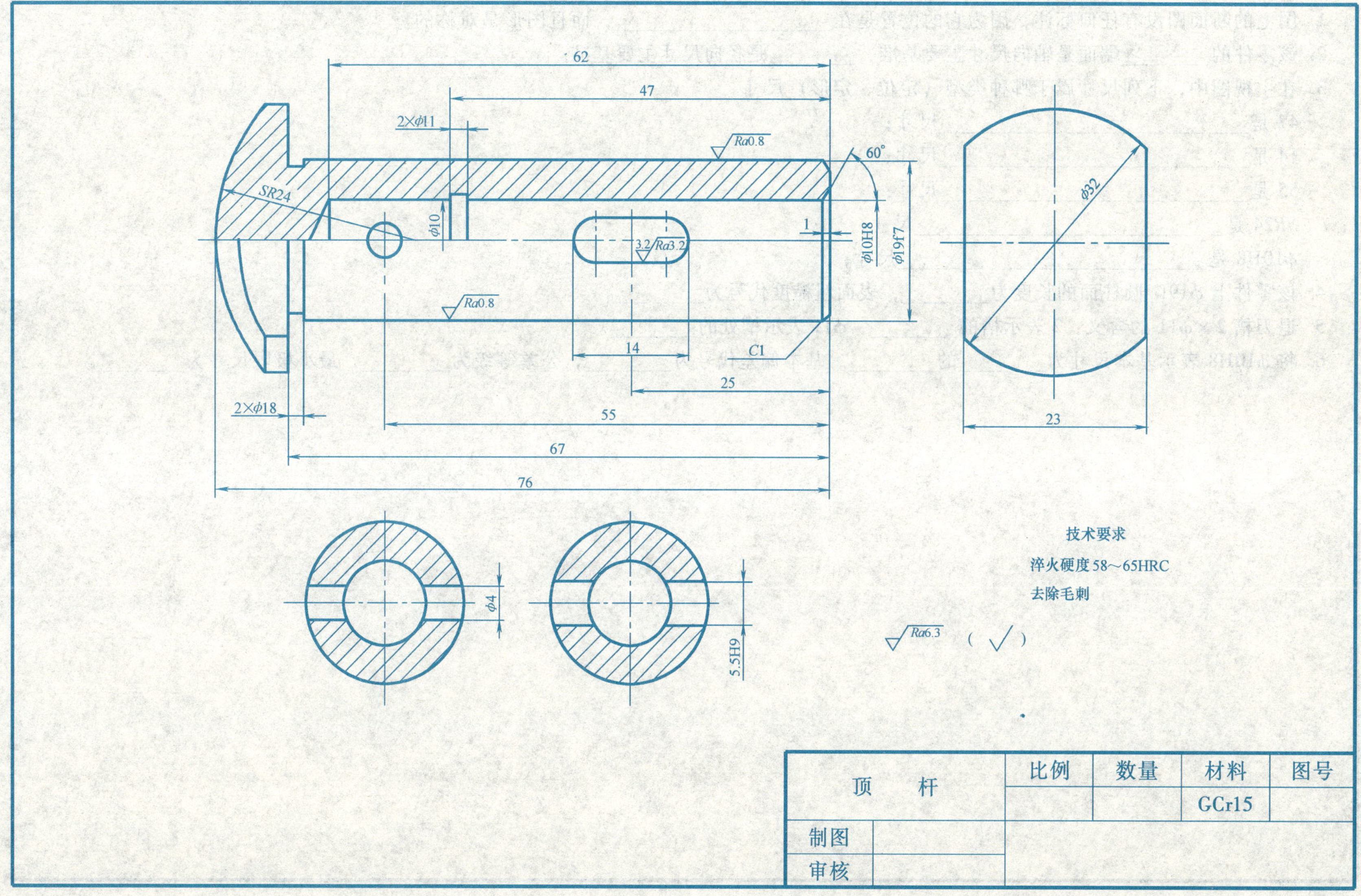

8-5 （2）读懂零件图，完成下列问题

1. 图上的断面图没有任何标注，因为它的位置是在____________________，而且图形是对称的。
2. 该零件的________端面是轴向尺寸主要基准，________是径向尺寸主要基准。
3. 在主视图中，下列尺寸属于哪种类型（定位、定形）尺寸。

   47 是____________________________尺寸；

   14 是____________________________尺寸；

   55 是____________________________尺寸；

   *SR*24 是____________________________尺寸；

   ϕ10H8 是____________________________尺寸；
4. 该零件上 ϕ19f7 圆柱面的长度为________，表面粗糙度代号为________。
5. 退刀槽 2 × ϕ11 的含义：2 表示槽的________，ϕ11 表示槽处的________。
6. 将 ϕ10H8 表示基本尺寸为________的________，基本偏差代号为________，公差等级为________，最小极限尺寸为________。

8-6 （1）读懂零件图，完成下列问题

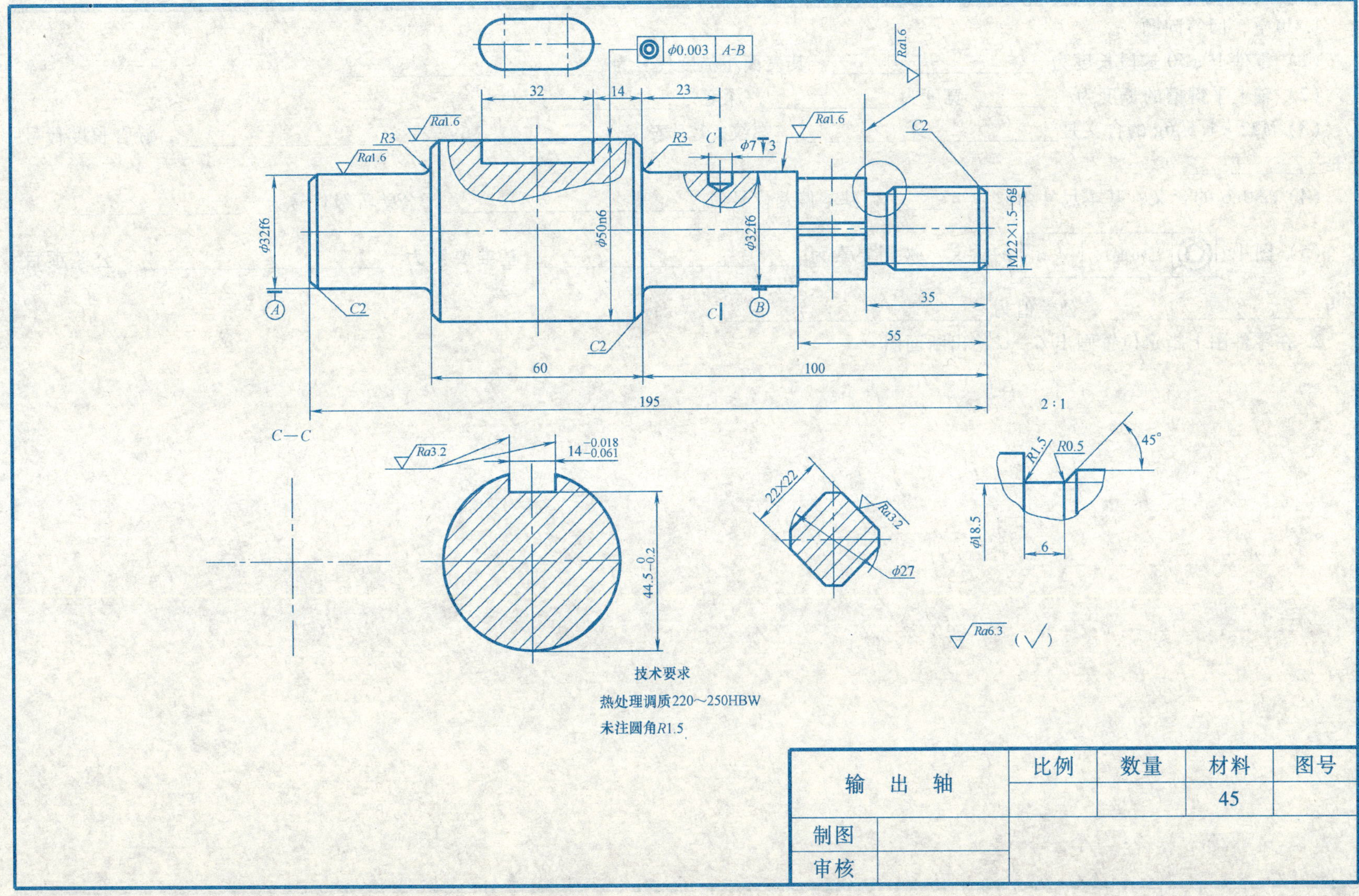

8-6 （2）读懂零件图，完成下列问题

1. 填空，回答问题。

（1）零件上 $\phi50$ 这段长度为________________。其表面粗糙度代号为__________________。

（2）轴上平键槽的长度为________，宽度为__________，深度为__________。

（3）M22 ×1. 5-6g 的含义是__________牙__________螺纹，1. 5 表示__________，6g 表示________________，旋合长度代号是__________。

（4）$\phi50n6$ 的含义：基本尺寸为__________，基本偏差代号为__________________，公差等级代号为______________。

（5）图中 | ◎ | $\phi0.003$ | $A-B$ | 的含义：被测要素为__________________，基准要素为__________________，公差项目为________________，公差值为__________________。

2. 在零件图上指定位置画出 $C—C$ 移出断面图。

8-7 （1）读懂零件图，完成下列问题

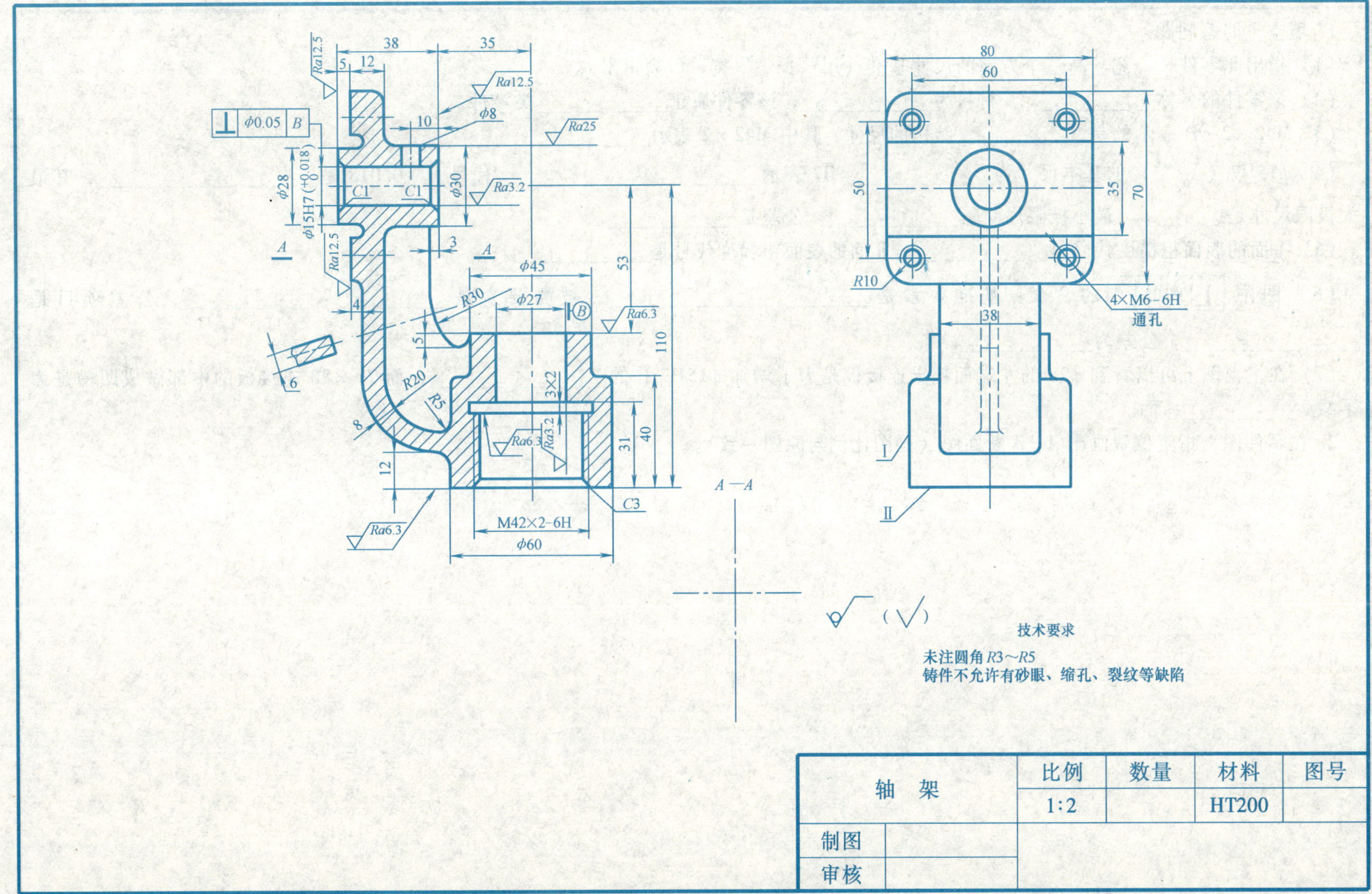

8-7 （2）读懂零件图，完成下列问题

1. 填空，回答问题。

（1）指出此零件长、宽、高三个方向的尺寸基准（用↖长、↖宽、↖高指出）。

（2）该零件的名称____________，材料为____________，该零件属于____________类零件。

（3）M42×2-6H 表示的是____________结构的尺寸，其中 M42×2 表示________________________。

（4）$\phi15H7\left(^{+0.018}_{0}\right)$ 的基本尺寸为____________，H7 表示________________________代号，+0.018 是____________________，其最大极限尺寸是________，最小极限尺寸是____________，公差是____________。

（5）Ⅰ面的表面粗糙度代号是____________，Ⅱ面的表面粗糙度代号是____________。

（6）图中 | ⊥ | $\phi0.05$ | B | 的含义：基准要素是________________________，被测要素是________________________，公差项目是________________，公差为____________。

（7）在主视图上可以看到 $\phi28$ 的左端面超出连接板是为了增加 $\phi15H7$ 孔的________________，而 70×80 连接板的中部做成凹槽是为了减少____________面。

2. 在零件图上指定位置画出 *A*—*A* 断面图（画图比例与原图一致）。

8-8 读懂零件图，完成下列问题

（1）阀芯的主视图中作了一个＿＿＿＿＿＿＿＿剖视，表达＿＿＿＿＿＿＿＿。

（2）A—A 断面主要表达＿＿＿＿＿＿＿＿。另一个移出断面主要表达＿＿＿＿＿形状。

（3）图中的符号▷1∶7 表示＿＿＿＿＿＿＿＿，M20-8g 表示＿＿＿＿＿＿＿＿。

（4）图中有＿＿＿＿处倒角，倒角尺寸为＿＿＿＿。

（5）图中①所指的交叉粗实线称为＿＿＿＿，②所指的交叉细实线表示＿＿＿＿。

（6）图中 168 属于＿＿＿＿尺寸，ϕ18 属于＿＿＿＿尺寸，45 属于＿＿＿＿尺寸，135°属于＿＿＿＿尺寸。

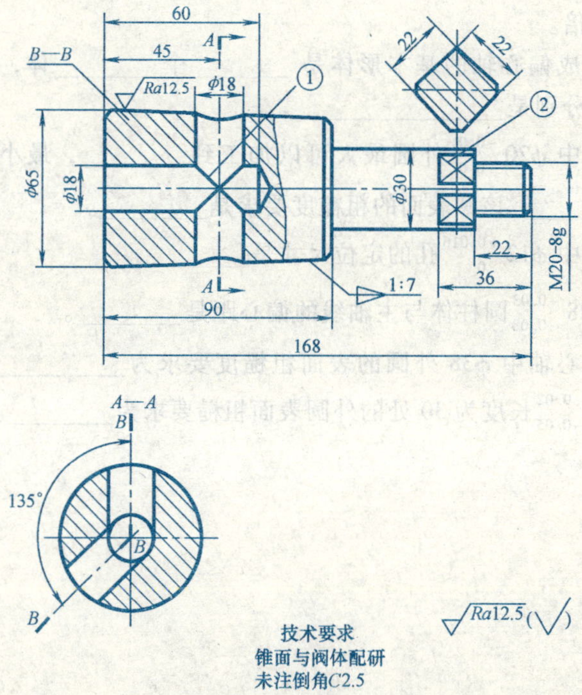

技术要求
锥面与阀体配研
未注倒角C2.5

制图		ZCuSn5Pb5Zn5		
审核		数量		阀芯
工艺		比例	1∶1	TL-03

8-8　读懂零件图，完成下列问题（续）

（1）偏心轴零件图中四个图形的名称分别是________、________、________和________。

（2）偏心轴零件图采用的比例是________，说明实物是图形的________倍。

（3）组成偏心轴的基本形体是________个________体，它们的定形尺寸分别是________。

（4）图中 $\phi20^{-0.01}_{-0.02}$ 外圆最大可以加工到________，最小可以加工成________。该圆表面的粗糙度要求是________。

（5）图中 $\phi12^{+0.016}_{0}$ 孔的定位尺寸是________。

（6）$\phi28^{-0.03}_{-0.08}$ 圆柱体与主轴线的偏心距是________。

（7）偏心轴中 $\phi38$ 外圆的表面粗糙度要求为________，而注有 $\phi38^{-0.02}_{-0.05}$ 长度为 30 处的外圆表面粗糙要求为________。

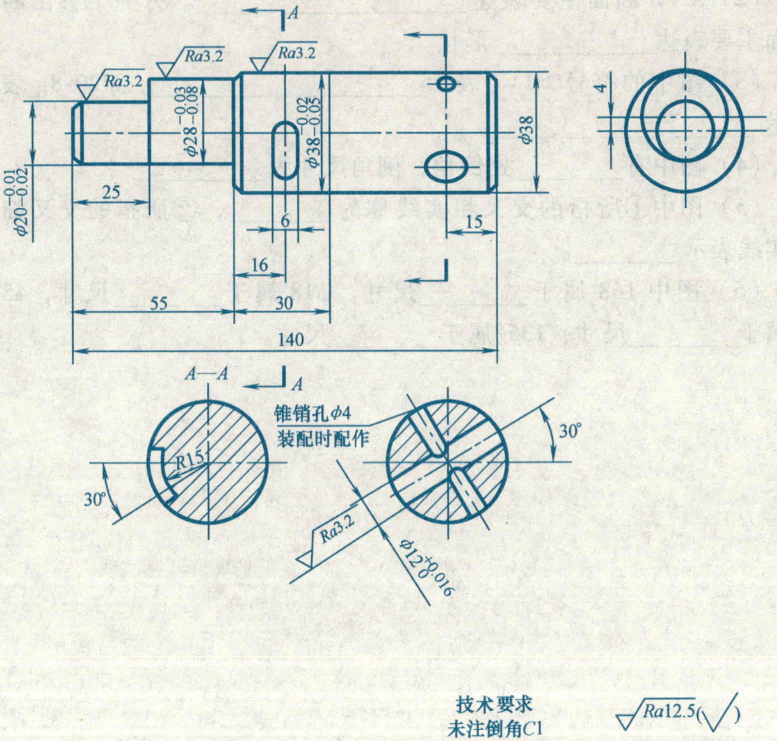

制图			45		
审核			数量		偏心轴
工艺			比例	1:2	TL-04

8-9 读懂零件图，完成下列问题

（1）法兰盘的材料是______，图样的比例是______，属于______比例。

（2）法兰盘共用了______个图形来表达，*A—A* 为作了两个______剖切的______剖视图。该图下方标有 1:1 的图形为______图，它主要是表达______的结构。

（3）图中外圆 $\phi70^{-0.012}_{-0.032}$ 的最大极限尺寸为______，最小极限尺寸为______，公差是______。该外圆的表面粗糙度要求是______。

（4）图中 M6 的含义是____________，M6 的定位尺寸是______。

（5）解释图中尺寸"4×ϕ7⌴ϕ12↧6"的含义：________。

（6）$\phi42^{+0.027}_{0}$ 孔的表面粗糙度要求是______，该孔两端的倒角尺寸是______。

（7）解释图中形位公差 ◎ | ϕ0.02 | *A* 的含义：__________。

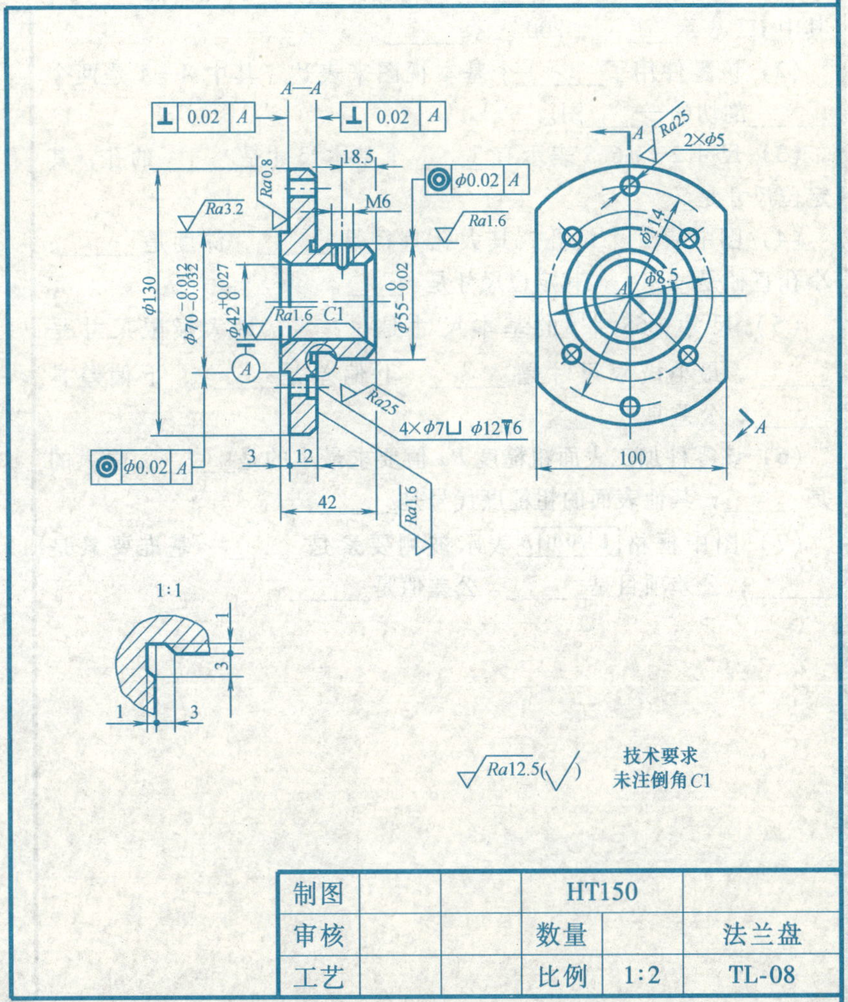

A—A

1:1

$\sqrt{Ra12.5}$ ($\sqrt{}$)

技术要求
未注倒角 *C*1

制图			HT150		
审核			数量		法兰盘
工艺			比例	1:2	TL-08

8-9 读懂零件图，完成下列问题（续）

（1）该零件的名称是______，比例是______，材料是______，其中 HT 表示______，200 表示______。

（2）该零件用了______个基本视图来表达，其中 *A—A* 是两个______剖切的______图。

（3）尺寸 2 × ϕ6.5 表示有______个基本尺寸是______的孔，其定位尺寸是______。

（4）图中有 3 个沉孔，其大孔直径是______，深度是______；小孔直径是______，其定位尺寸是______。

（5）尺寸 $\phi65^{+0.03}_{0}$ 的基本尺寸是______，最大极限尺寸是______，最小极限尺寸是______，上偏差是______，下偏差是______，公差是______。

（6）该零件加工表面粗糙度 *Ra* 值要求最小的是______，最大的是______，其他表面的粗糙度代号是______。

（7）图中框格 | ⊥ | ϕ0.01 | *B* | 表示被测要素是______，基准要素是______，公差项目是______，公差值是______。

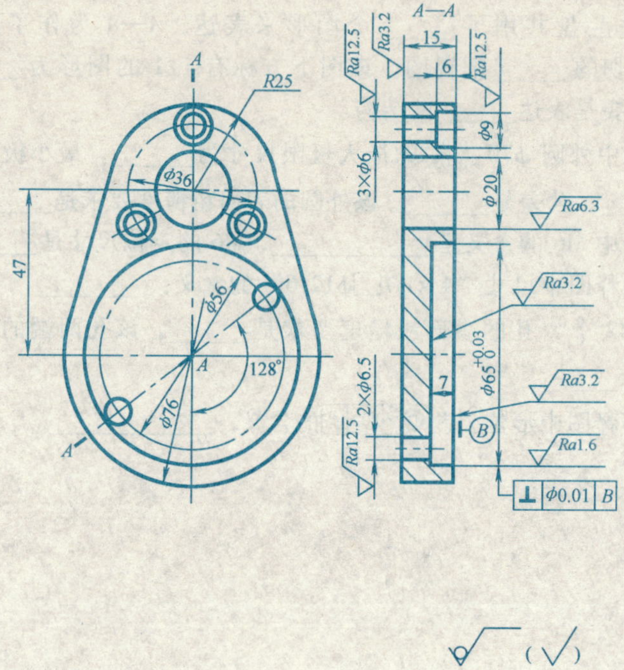

技术要求

锐边倒角

制图		HT200		
审核		数量		丝杠支座
工艺		比例	1:1	TL-09

8-10　读懂零件图，完成下列问题

（1）拨叉零件共用了______个图形来表达形体结构，其中 A—A 为______图，B↷为______图。

（2）图中的双点划线表示______画法。

（3）$\phi4$ 圆孔的定位尺寸是____________，该孔的表面粗糙度为______。

（4）肋板的厚度为______，其表面粗糙度代号为______。

（5）$\phi18^{+0.019}_{0}$ 孔的最大极限尺寸为______，最小极限尺寸为______，公差为______。

（6）图中有______处倒角，尺寸为______。

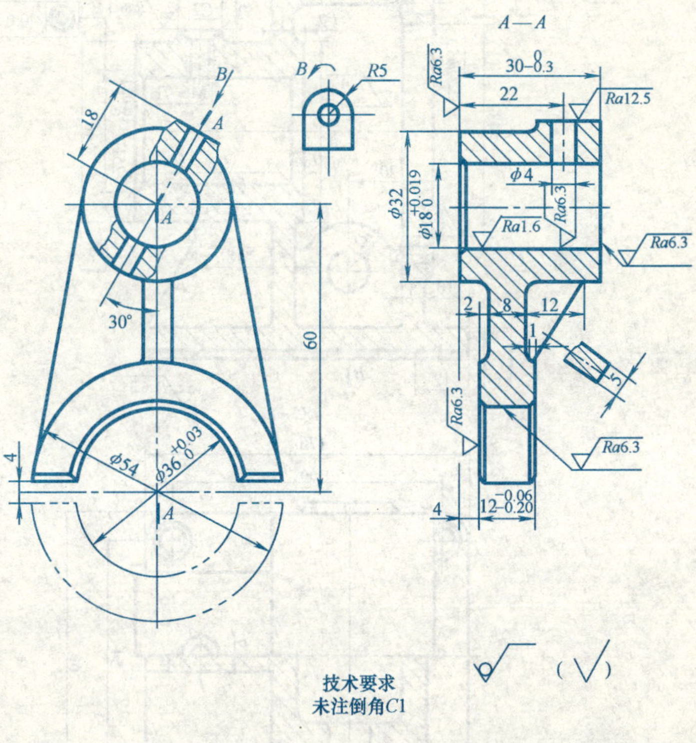

技术要求
未注倒角C1

制图			HT200		
审核			数量		拨叉
工艺			比例	1:1	TL-11

8-11 （1）读懂零件图，完成下列问题

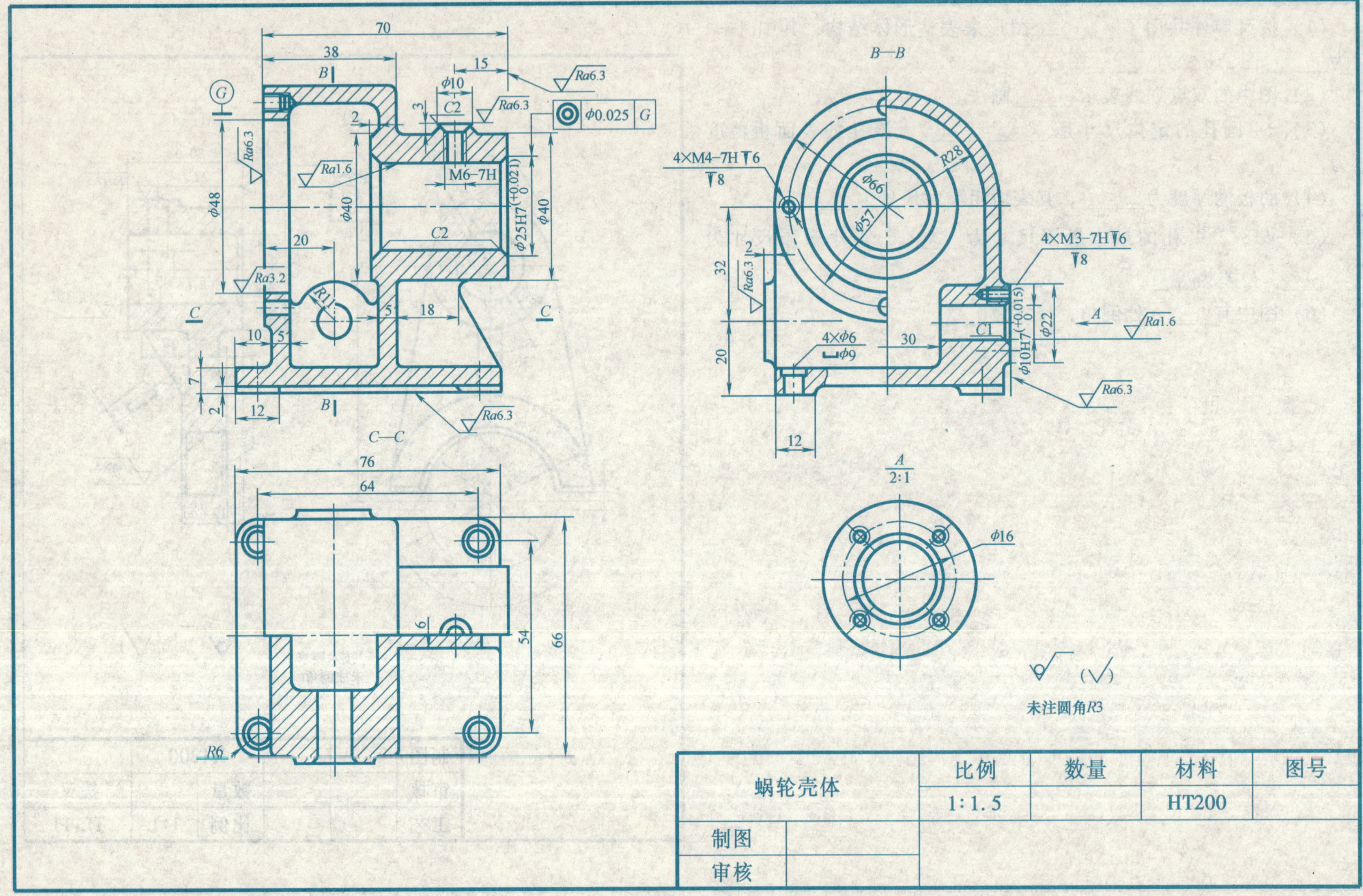

蜗轮壳体		比例	数量	材料	图号
		1:1.5		HT200	
制图					
审核					

8-11 （2）读懂零件图，完成下列问题

填空，回答问题。

1. 指出此零件长、宽、高三个方向的尺寸基准（用↖长、↖宽、↖高指出）。

2. M6-7H 表示______牙______螺纹，公称直径是______，线数是______，旋向是______，______径和______径的公差带代号是______的______（内或外）螺纹。

3. 该零件的表面粗糙度共有______种要求，切削表面中，最高要求的表面其 Ra 值为________；最低要求的表面其 Ra 值为______。

4. 图中 |◎|ϕ0.025|G| 的含义：基准要素是__________，被测要素是____________，公差项目是__________，公差值为______。

5. 零件的总长______总高______总宽。

6. 零件上共有______种不同规格的螺纹，共有______个。

第九章　装　配　图

9-1 读懂浮动支撑装配图，完成有关填空

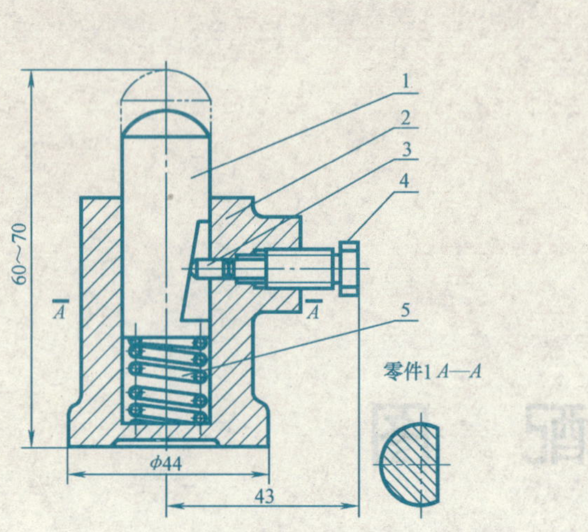

浮动支承的工作原理：

该结构是用来支撑工件的。它与其他固定支承配合作用。该支承可根据工件表面不平自行调整高度，直到顶牢工件。

5	弹簧	1	55Mn	
4	螺钉	1	45	
3	滑柱	1	45	
2	支承座	1	HT200	
1	支承销	1	T7	
件号	名称	数量	材料	备注
浮动支承				

1. 该装配体的主视图是________剖视图，零件 1 的 *A*—*A* 是________图。
2. 主视图上 60 ~ 70 属于________尺寸，它表示__________。
3. 件 1 主要是由________________等基本几何体组成。
4. 1 号件到位后是由________号件锁紧。
5. 弹簧的作用是____________________。
6. 1 号件上斜槽的作用是____________________。
7. 正确的 1 号件视图的代号是________。
8. 正确的 4 号件视图的代号是________。

1号件

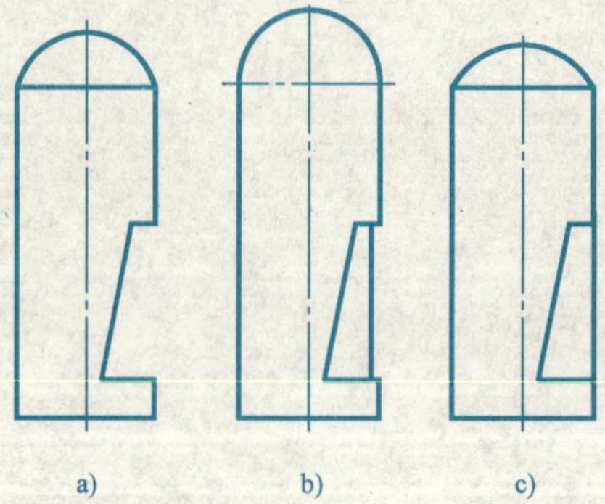

a) b) c)

4号件

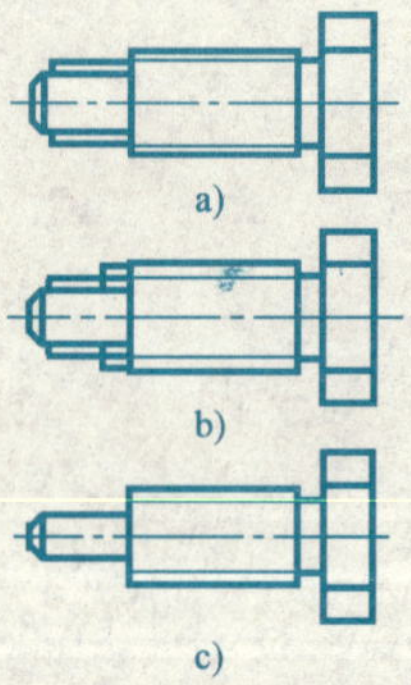

a)

b)

c)

9-2　读懂阀 $R_P1/2$ 装配图，完成有关填空

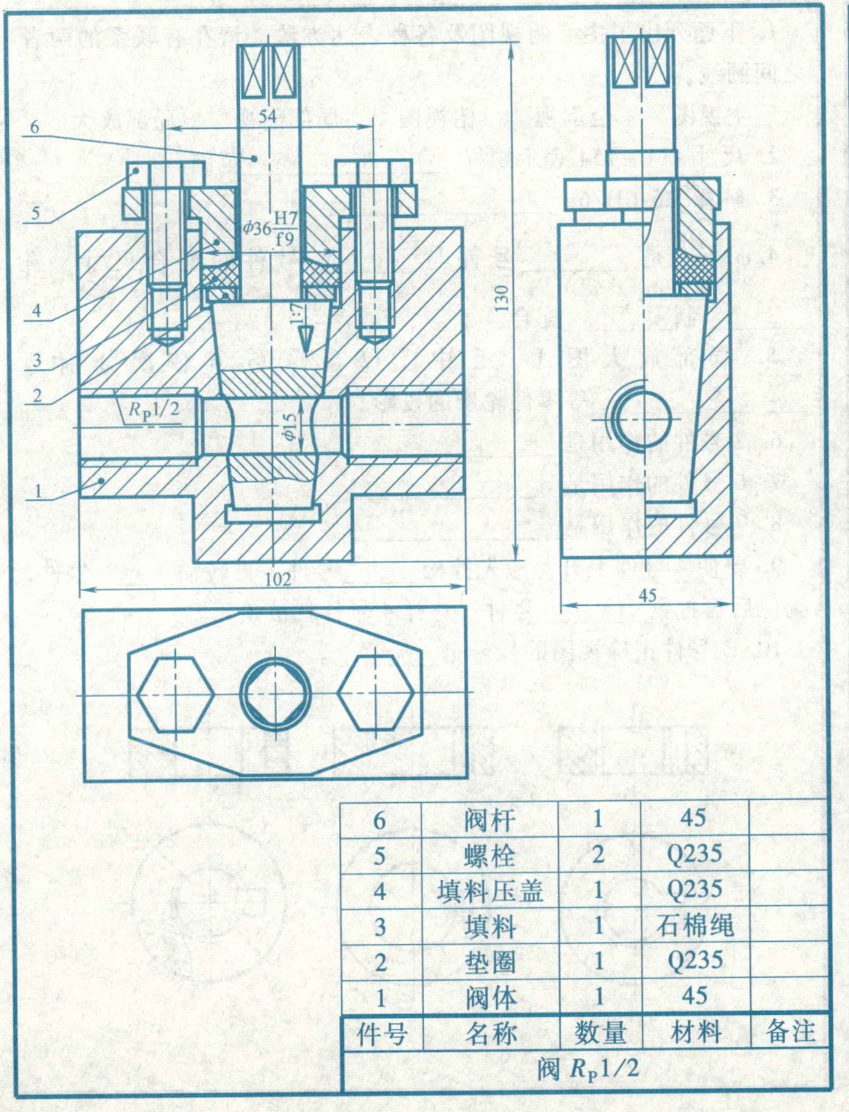

6	阀杆	1	45	
5	螺栓	2	Q235	
4	填料压盖	1	Q235	
3	填料	1	石棉绳	
2	垫圈	1	Q235	
1	阀体	1	45	
件号	名称	数量	材料	备注
阀 $R_P1/2$				

1. 主视图采用了________剖视图，为了表达件 6 的通孔，又采用了____剖视图。

2. 主视图和左视图上部件 6 视图中两条交叉的细丝线表示该处为________。

3. 阀 $R_P1/2$ 共有________种零件，其中标准件有________件，专用件有________件。

4. 件 3 的作用是________________。

5. 件 4 和件 5 的作用是________________。

6. 图中尺寸 $R_P1/2$ 是________尺寸，130、102 是______尺寸。

9-3 读懂支顶装配图，完成有关填空。

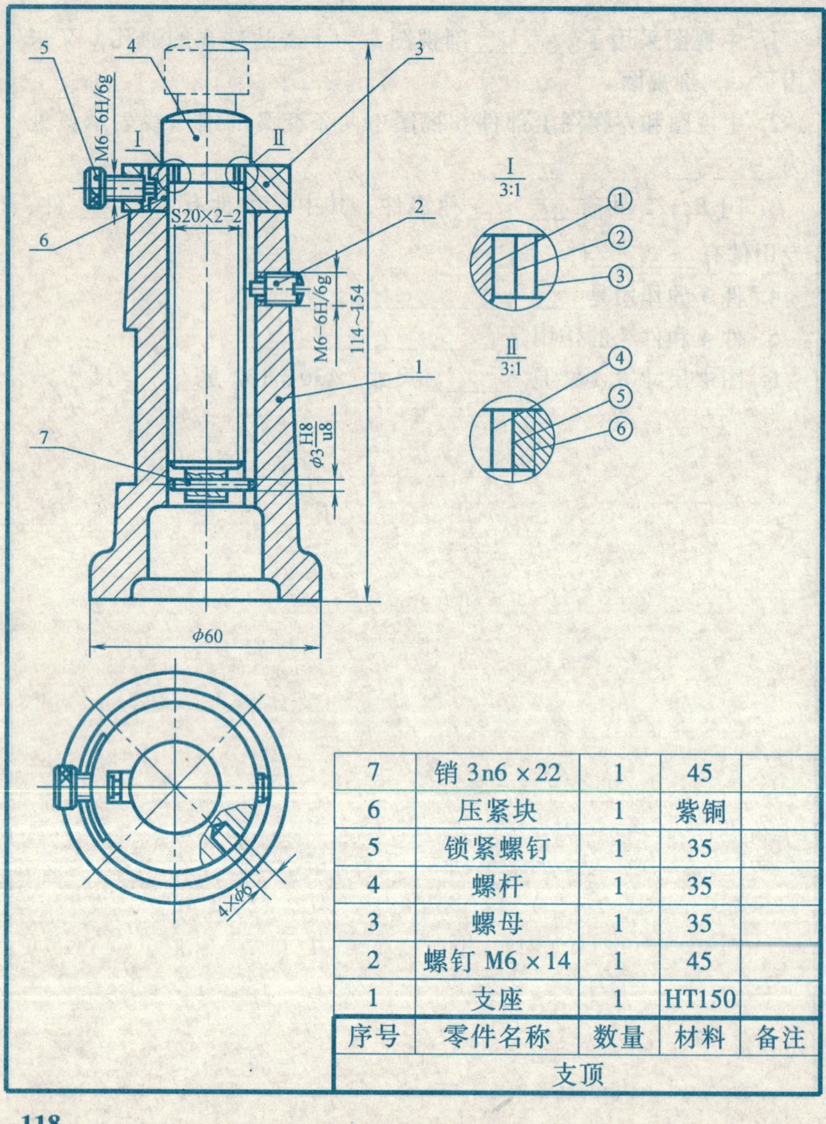

序号	零件名称	数量	材料	备注
7	销 3n6×22	1	45	
6	压紧块	1	紫铜	
5	锁紧螺钉	1	35	
4	螺杆	1	35	
3	螺母	1	35	
2	螺钉 M6×14	1	45	
1	支座	1	HT150	
支顶				

1. 下面列出了主、俯视图及各种表达方法，请在有联系的两者之间画线。

主视图　　全剖视　　俯视图　　局部剖视　　局部放大

2. 尺寸 114~154 表示螺杆________范围。

3. 解释 M6-6H/6g ________。

4. $\phi3\ \frac{H8}{u8}$ 是______号件与______号件的配合尺寸，属______制______配合。

5. 局部放大图 Ⅰ、Ⅱ 中 ① ② ③ ④ ⑤ ⑥ 依次分别是________等零件轮廓的投影。

6. 2 号件的作用是________。

7. 6 号件的作用是________。

8. 7 号件的作用是________。

9. 要使 4 号件上升，应先拧松_____号件，再转动_____号件，到位后再拧紧______号件，这样 4 号件就被锁死。

10. 3 号件正确视图的代号是______。

a)　　b)　　c)

9-4 读懂折角阀装配图，完成有关填空

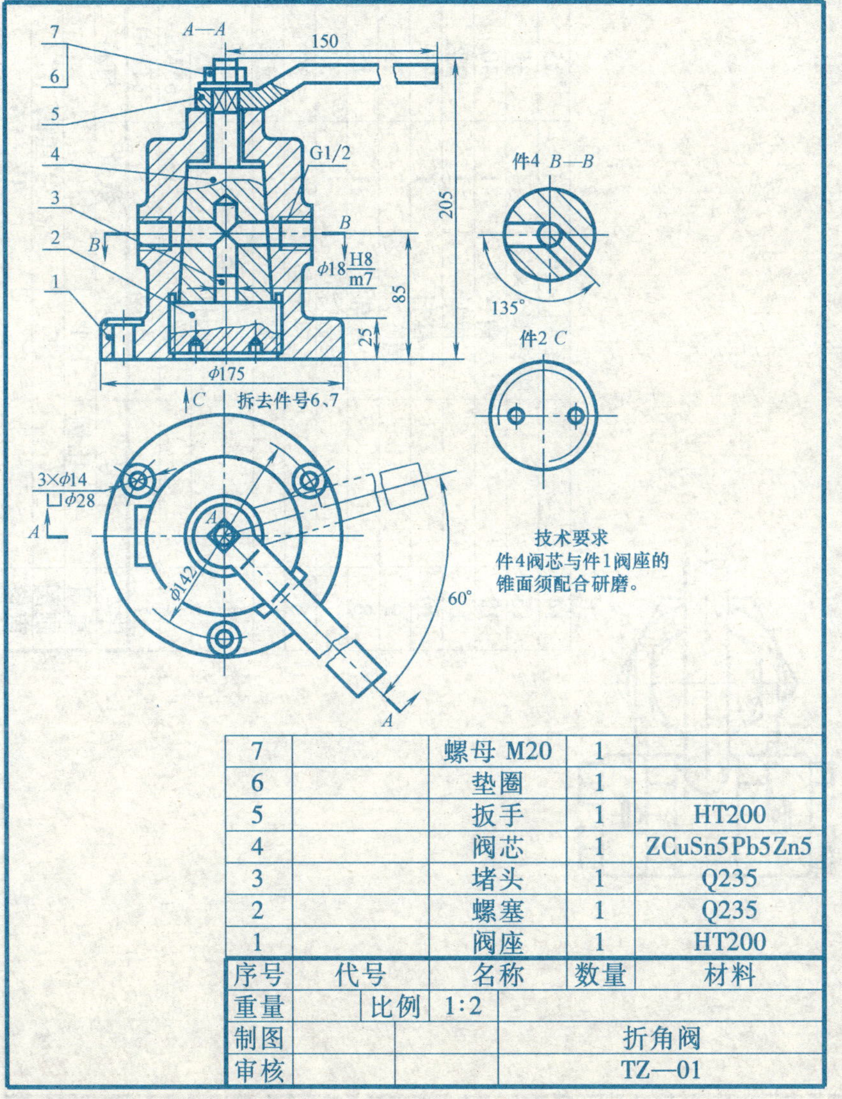

序号	代号	名称	数量	材料
7		螺母 M20	1	
6		垫圈	1	
5		扳手	1	HT200
4		阀芯	1	ZCuSn5Pb5Zn5
3		堵头	1	Q235
2		螺塞	1	Q235
1		阀座	1	HT200

重量		比例	1:2	
制图				折角阀
审核				TZ—01

1. 折角阀由________个零件组成，其中标准件有________个。

2. 折角阀的主视图采用了____________________画法，其中扳手（件 5）采用了________画法。

3. 俯视图中的双点划线是一种____________________画法，表示____________________。

4. 图中的 *B—B* 是________图，主要表达________________。

5. *C* 向是__________图，表示__________________。件 2*C* 向图形中的两个小圆结构的作用是__________________。

6. 螺塞（件 2）与阀座（件 1）是______________联接，扳手（件 5）与阀芯（件 4）是________联接。

7. 解释 $\phi18\dfrac{H8}{m7}$ 的含义：______________________。

8. 图中 G1/2 是______________尺寸，$\phi142$ 是______________尺寸，205 是________尺寸，$\phi18\dfrac{H8}{m7}$ 是____________尺寸。

*9-5 读懂手压阀装配图，完成有关填空

*9-5 读懂手压阀装配图，完成有关填空（续）

1. 手压阀由________种共________个零件组成，其中标准件有________种________件。

2. 该装配体用了________个图形来表达，其中主视图采用了________，左视图中有________处作了________，A 向为________，在件 10 杠杆上采用了________画法，并作了一个________。

3. 件 8 小轴与件 4 托架采用的是________制的________配合，件 8 小轴与件 10 杠杆采用的是________制的________配合，件 4 托架与件 1 阀座采用的是________制的________配合，件 4 托架与件 10 杠杆采用的是________制的________配合。

4. 件 4 托架和件 10 杠杆由________联结，件 4 托架和件 1 阀座之间由________定位________联接，件 7 压盖螺母和件 1 阀座由________联接。

5. 件 7 压盖螺母的外形从________中可以看出是________，件 12 六角接头的下部外形从________中可以看出是________。

6. 件 5 填料的材料是________，件 11 衬片的材料是________，它们的作用是________。

7. 简述手压阀的工作原理____。